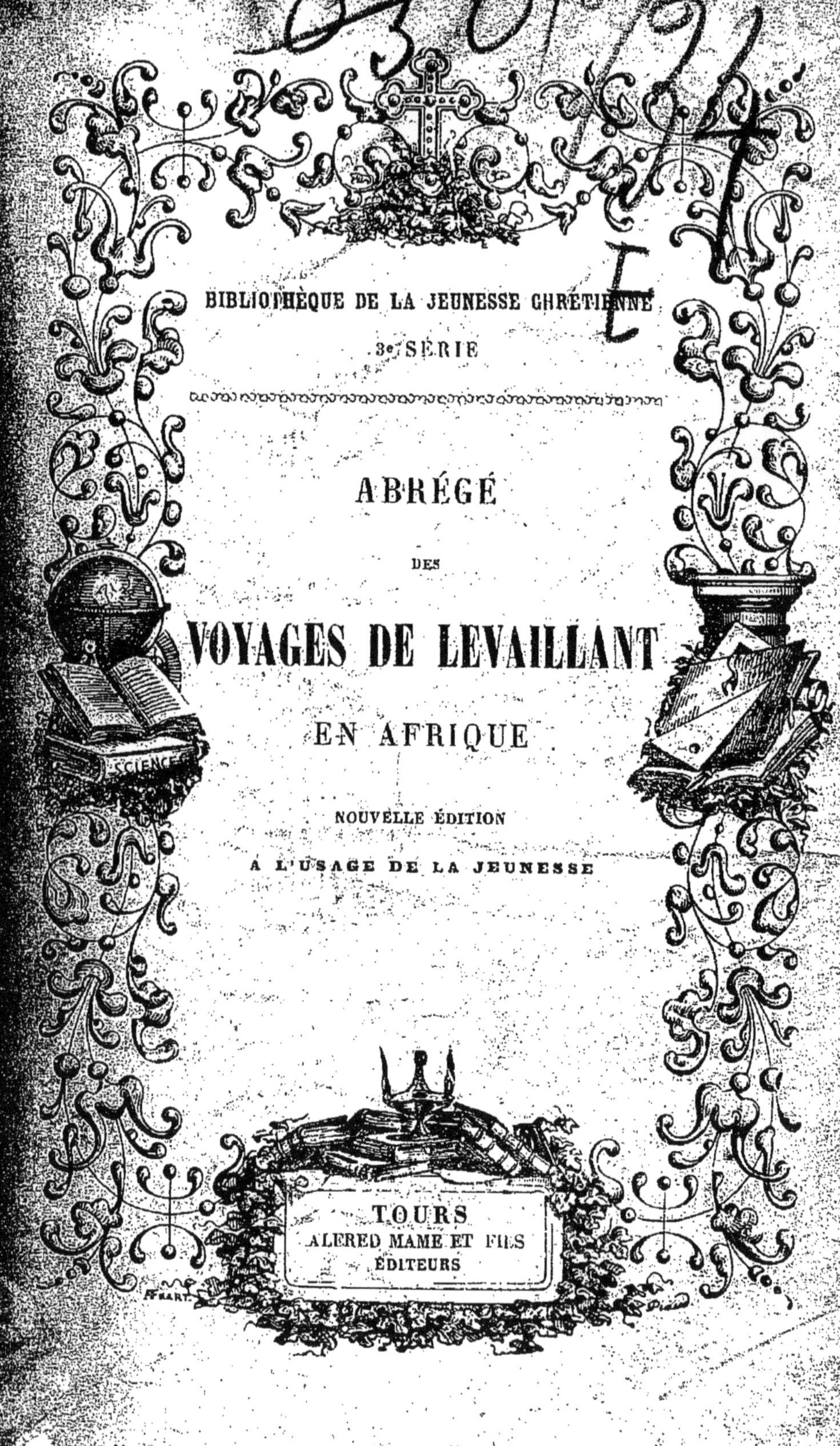

BIBLIOTHÈQUE DE LA JEUNESSE CHRÉTIENNE

3e SÉRIE

ABRÉGÉ

DES

VOYAGES DE LEVAILLANT

EN AFRIQUE

NOUVELLE ÉDITION

A L'USAGE DE LA JEUNESSE

TOURS
ALFRED MAME ET FILS
ÉDITEURS

BIBLIOTHÈQUE

DE LA

JEUNESSE CHRÉTIENNE

APPROUVÉE

PAR Mgr L'ARCHEVÊQUE DE TOURS

—

3e SÉRIE IN-12

VOYAGES DE LEVAILLANT.

VUE DU CAP DE BONNE-ESPÉRANCE.

ABRÉGÉ DES VOYAGES

DE

LEVAILLANT

EN AFRIQUE

NOUVELLE ÉDITION

A L'USAGE DE LA JEUNESSE

TOURS

ALFRED MAME ET FILS, ÉDITEURS

M DCCC LXXII

VOYAGES
EN AFRIQUE

CHAPITRE I

Départ d'Europe.—Navigation jusqu'au cap de Bonne-Espérance. — Le Cap.

Ce fut le 19 décembre 1780 que je partis d'Amsterdam, sur un bâtiment de la compagnie des Indes hollandaises, pour le long et périlleux voyage auquel je me préparais depuis longtemps. Le navire sur lequel j'avais pris passage, *le Woltemaade,* se trouvait justement être un ex-voto de la compagnie en mémoire d'une belle action d'un habitant du cap de Bonne-Espérance, nommé Woltemaade, lequel, pendant une tempête affreuse, avec le secours de son cheval, était parvenu à sauver quatorze matelots d'un navire naufragé dans la baie de la Table, mais qui lui-même, victime de ses généreux efforts, avait péri dans une dernière tentative, accablé par sa propre fatigue, par celle de son cheval, et par le poids des malheureux qui s'étaient jetés en foule sur lui dans la crainte qu'il ne retournât plus au vaisseau avant sa complète submersion. On peut lire une description très-attendrissante de cette catastrophe dans le Voyage au Cap du docteur Sparmann.

Il fut fort heureux pour moi que le *Woltemaade* mît à la voile le 19 décembre, veille précise de la déclaration de guerre des Anglais à la Hollande. Vingt-quatre heures plus tard, la compagnie ne nous aurait pas permis de partir, ce qui serait venu me contrarier et renverser peut-être toutes mes résolutions, et plus encore mes espérances. Un très-gros temps et une brume fort épaisse nous permirent de traverser la Manche sans être aperçus des Anglais ; nous gagnâmes la pleine mer, fendant les flots en toute sécurité, et ne soupçonnant pas que la guerre se fût allumée de toutes parts. Nous allions tantôt bien, tantôt mal, et suivions le *Mercure,* autre vaisseau de la compagnie qui faisait même route que nous et nous commandait. Jusque-là notre voyage ne nous offrit rien de remarquable ; mais nous devions nous ressentir bientôt de l'ébranlement général.

Le 1er février 1781, étant par 3° N. de la ligne, nous fûmes avertis au point du jour qu'on découvrait une voile à l'horizon ; le *Mercure* était alors en avant, presque hors de vue, et nous avions un calme plat. Toutes nos lunettes furent inutilement braquées ; ce ne fut qu'à neuf heures du matin que nous pûmes distinguer et reconnaître que ce n'était qu'un petit bâtiment. Les uns le croyaient français, d'autres soutenaient qu'il était anglais ; chacun raisonnait à sa façon et formait des conjectures, en attendant les certitudes. On s'aperçut quelques heures après qu'il se faisait remorquer par deux chaloupes et qu'il venait à nous à force de rames. C'était, assurait-on alors, un bâtiment en détresse qui s'approchait pour demander du secours; nous le laissions arriver fort tranquillement. Vers les trois heures après midi, le voyant à demi-portée, nous assurâmes notre pavillon par un coup de canon en blanc; mais nous fûmes étrangement surpris de recevoir dans notre dunette un boulet qui fut suivi de toute la bordée; le corsaire en même temps arbora pavillon anglais.

Je chercherais en vain à peindre l'étonnement, la stupéfaction de tout l'équipage dans cette aventure imprévue. Il n'y avait peut-être pas sur le vaisseau un seul homme qui se fût jamais trouvé à une action. Le capitaine et les officiers, habitués à voyager paisiblement, n'avaient jamais commandé en pareille circonstance : attaqués de la sorte, sans s'y être attendus, sans avoir eu le temps de faire aucun préparatif, ni même de se bastinguer, on se figure aisément quelle devait être la consternation de ces pauvres gens. L'épouvante, la confusion, étaient peintes sur tous les fronts. Les officiers criaient à tue-tête : les soldats, toutes recrues, qui n'avaient jamais chargé un fusil, ne savaient auquel entendre, à quoi répondre; en un mot, à sept heures du soir nous n'avions pas encore brûlé une amorce. Le corsaire nous canonnait sans relâche; il nous sommait de nous rendre, nous menaçant de nous couler à fond si nous résistions plus longtemps. Notre capitaine, dans une agitation convulsive, ne cessait de lui crier qu'il n'était point maître de se rendre ainsi à discrétion; qu'il fallait pour cela s'adresser au *Mercure*, qui était son commandant. Le bonhomme avait entièrement perdu la tête.

Enfin, comme par miracle, un petit vent s'étant élevé, le *Mercure* s'approche, et demande à notre capitaine pourquoi on ne tirait pas. Celui-ci lui répond qu'il avait attendu ses ordres, et que c'était au commandant de donner le signal pour se battre : excuse tout à fait plaisante dans la bouche d'un marin attaqué par un petit bâtiment de seize pièces de huit, tandis qu'il en avait trente-deux d'un plus gros calibre, plusieurs pierriers, et trois cents hommes outre l'équipage !

Le *Mercure* commençant à tirer, nous commençâmes aussi à faire feu de tous bords ; et, quoique le *Mercure* se trouvât entre l'Anglais et nous, nous tirions toujours. Nos gens, que ce désordre favorisait, s'étaient enivrés à qui mieux mieux ; ils allaient, couraient sans savoir où, se heurtaient, chancelaient, revenaient sans savoir pourquoi ; on criait, on pleurait d'un côté, on se cachait d'un autre.

Après avoir abîmé toutes nos manœuvres et nous avoir criblés de toutes parts, le corsaire nous abandonna à onze heures du soir. Il était fort loin que nous tirions toujours. Quel beau moment pour les poltrons ! comme ils se démenaient alors et parcouraient le pont d'un pas ferme, haussant la voix, et provoquant l'ennemi qu'ils n'entendaient plus ! Pourtant on le craignait encore ; personne n'osa se coucher. Je passai, comme les autres, toute la nuit au bel air, étendu sur un sac au milieu des fusils rangés, mais à tous moments réveillé par les alertes très-vives de ceux qui faisaient la garde, et que le bruit des canons anglais poursuivait sans cesse. On peut se faire une idée du désordre qui avait régné dans cette bagarre : le lendemain, lorsqu'on flamba les pièces, on trouva des canons remplis jusqu'à la bouche, et qui contenaient jusqu'à trois charges de poudre, alternativement entassées l'une sur l'autre, avec autant de boulets. Plusieurs fusils avaient été chargés les balles les premières : je suis bien persuadé que sans le *Mercure* nous eussions été pris; heureusement nous en fûmes quittes pour la peur. L'Anglais croyait certainement que nous n'avions point de canons, ou que ceux qu'il voyait étaient en bois ; la moindre résistance de notre part lui eût fait aussitôt lâcher prise, et sans doute il se serait retiré plus vite qu'il n'était venu.

Je n'achèverai point ce tableau, vraiment digne des crayons plaisants de Callot, sans rapporter un dernier trait qui rappelle le rire sur mes lèvres au moment où j'écris. J'errais çà et là de la dunette au pont et du pont à la chambre (car, n'ayant point de commission sur le navire, je n'avais aucun ordre à donner ni à recevoir); j'aperçus le gardien des papiers de la compagnie fidèlement assis auprès d'une boîte mystérieuse, et tout prêt à la lancer par la fenêtre au moindre signal d'un péril imminent. Celui-là du moins était à son poste; mais le devoir l'y fixait beaucoup moins que la terreur : elle s'était emparée de tous ses sens. « Vaillant, s'écria-t-il, Vaillant, c'est fait de nous. Eh! mon ami, nous sommes perdus, nous sommes perdus! » Je faisais mes efforts pour le rassurer, et l'engageais à changer d'air, afin qu'il changeât de contenance. Un boulet vint traverser la chambre avec un fracas horrible. Je vis mon homme tomber comme une masse, immobile et sans mouvement; je le crus mort; mais peu à peu il se releva de lui-même en poussant de profonds sanglots. Pour cette fois je ne pus tenir à cette scène touchante, et j'allai plus loin donner un libre cours à mes éclats de rire.

A dater de cette singulière aventure, le reste de notre voyage s'écoula fort heureusement. Nous eûmes toujours bon vent; après trois mois dix jours de traversée, nous découvrîmes les montagnes du Cap, qu'éclairait alors le plus beau ciel. J'en pris le dessin, et le même jour, à trois heures après midi, nous mouillâmes dans la baie de la Table.

Le capitaine de port, M. Staring, vint à bord; il nous confirma la déclaration de guerre, dont la colonie était déjà informée par une frégate française. Le lendemain je me rendis à terre, et m'empressai d'aller saluer les personnes auxquelles j'étais recommandé, et de leur remettre mes lettres. Je fus accueilli avec honnêteté, même avec distinction; M. Boers, fiscal, et M. Hacker eurent pour moi toutes les prévenances de l'amitié; je sentis que je ne les devais point à cette politesse d'usage qui remplace ailleurs par de vaines grimaces ce besoin si cher d'obliger son semblable, et n'est qu'un art perfide de mieux tromper la crédule franchise d'un étranger; ils m'offrirent tous les services que leur rang distingué me mettait en droit d'attendre d'eux. J'y comptai : j'avais affaire à des Hollandais.

J'étais impatient de connaître ce pays nouveau, où je me voyais transporté comme en songe. Tout se présentait à mes regards sous un aspect imposant, et déjà je mesurais de l'œil les déserts immenses où j'allais m'enfoncer.

La ville du Cap est située sur le penchant des montagnes de la Table et du Lion. Elle forme un amphithéâtre qui s'allonge jusque sur les bords de la mer.

J'ai trouvé au Cap la plupart des légumes de l'Europe, qui y sont parfaitement acclimatés. On en jouirait toute l'année si le vent du S.-E., qui y règne pendant trois mois, ne desséchait la terre au point de la rendre incapable de toute espèce de culture; il souffle avec tant de furie, que, pour préserver les plantes, on est obligé de faire à tous les carrés du jardin un entourage de forte charmille. La même chose se pratique à l'égard des jeunes arbres, qui, malgré ces précautions, ne poussent jamais de branches du côté du vent, et se courbent toujours du côté opposé; ce qui leur donne une triste figure. En général, il est très-difficile de les amener à bien.

J'ai maintes fois été témoin des ravages de ce vent; dans l'espace de vingt-quatre heures, les jardins les mieux fournis sont en friche et balayés; c'est depuis janvier jusqu'en avril qu'il règne sur toute la pointe de l'Afrique, et fort avant dans les terres. Il est arrivé, dans mes voyages, que mes chariots en ont été renversés; il ne me restait souvent d'autre parti à prendre que de les attacher à de gros buissons pour les empêcher de culbuter.

Ce vent s'annonce au Cap par un petit nuage blanc qui s'attache d'abord à la cime de la montagne de la Table, du côté de celle du Diable. L'air commence alors à devenir plus frais; peu à peu le nuage augmente et se développe. Il grossit au point que tout le sommet de la Table en est couvert; on dit alors communément que *la montagne a mis sa perruque*. Cependant le nuage se précipite avec violence et pèse sur la ville; on croirait qu'un déluge va l'inonder et l'ensevelir; mais à mesure qu'il gagne le pied de la montagne, il se dissipe, il s'évapore; il semble qu'il se réduise à rien. Le ciel continue d'être calme et serein sans interruption; la montagne seule se ressent de ce court moment de deuil qui lui dérobe la présence du soleil.

J'ai souvent passé des matinées entières à examiner ce phénomène sans y rien comprendre; mais dans la suite, lorsque j'ai fréquenté la baie Falso, du côté opposé de la montagne, j'ai joui plusieurs fois du plaisir d'en voir le commencement et les progrès. Le vent s'annonce d'abord très-faiblement, charriant avec lenteur une espèce de brouillard qu'il semble détacher de la superficie de la mer. Ce brouillard s'amasse, se presse par l'obstacle que lui oppose dans son chemin la montagne de la Table du côté du sud; c'est alors que, pour la franchir, il s'entasse peu à peu, et que, roulant sur lui-même, il s'élève avec effort jusqu'au sommet, et montre à la ville le petit nuage blanc qu'a déjà annoncé le vent qui souffle depuis quelques heures.

La durée ordinaire de cette espèce d'orage est de trois jours consécutifs. Quelquefois il continue sans relâche beaucoup plus longtemps, souvent aussi il cesse tout à coup; l'atmosphère alors devient brûlante; et pendant les trois mois qu'il règne, s'il lui arrive de cesser plusieurs fois de cette manière, c'est le pronostic certain de beaucoup de maladies.

Quoique ce vent ne soit pas absolument dangereux pour les navires, il n'est pas sans exemple qu'il en ait incommodé plusieurs; quand il est trop impétueux, par prudence et pour éviter jusqu'à la crainte d'un accident, ils gagnent la pleine mer; mais lorsqu'il ne charrie point de brouillards avec lui, il est nul pour la ville, et souffle uniquement dans la rade. Ce n'est donc que l'amas des brouillards qui, venant à se précipiter, occasionne ces terribles ouragans. Souvent il est presque impossible de traverser les rues ; malgré l'empressement avec lequel on ferme portes, fenêtres et volets, la poussière pénètre jusqu'aux armoires et aux malles. Tout incommode qu'il est, ce vent procure cependant un grand bien à la ville. Il la purge des vapeurs méphitiques occasionnées par les immondices qui s'amassent naturellement au bord de la mer, par celles que les habitants y font jeter, et surtout par les débris ensanglantés que les bouchers de la compagnie jettent et laissent aux portes des boucheries, où ils s'amassent en tas, se corrompent, empoisonnent l'air et les habitants, et fomentent ces maladies épidémiques trop ordinaires au Cap dans le cours de la saison où le sud-est n'a pas beaucoup régné. Le fléau le plus dangereux et le plus cruel est le mal de gorge. Les personnes les plus robustes y succombent en trois à quatre jours. C'est un coup violent qui ne donne pas le temps de se reconnaître.

La saison des pluies commence ordinairement vers la fin d'avril. Elles sont plus abondantes, plus fréquentes à la ville que partout ailleurs dans les environs : en voici la raison naturelle. Le vent du nord fait au Cap ce que fait en France celui du sud-ouest ; il voiture les nuages, qui, passant sur cette ville, vont s'arrêter et se briser contre la Table, le Diable et le Lion ; les pluies sont alors continuelles au Cap, tandis qu'à deux lieues à la ronde on jouit du plus beau ciel et du temps le plus sec. Quelquefois elles tombent sur toute la partie qui se trouve entre la baie de la Table et la baie de Falso, à l'est de cette chaîne de monts énormes qui s'étend jusqu'à l'extrémité de la pointe d'Afrique ; tandis que le côté ouest est pur et sans nuages. C'est une faible image de ce qui arrive aux côtes de Coromandel et du Malabar, excepté qu'ici ce spectacle est plus merveilleux, parce qu'il est plus sensible et plus rapproché. En effet, de deux amis partant ensemble de la ville pour aller à la baie Falso, celui qui prend sa route à l'est de la montagne emporte son parapluie, celui qui va par l'est emporte son parasol. Ils arrivent au rendez-vous, l'un haletant et trempé de sueur, l'autre traversé et glacé par la pluie.

CHAPITRE II

Départ pour la baie de Saldanha. — Chasse. — Cachalots. — L'île aux Oiseaux. — Attaque des Anglais. — Désastre.

Les nouvelles de la rupture entre l'Angleterre et la Hollande répandues avant notre arrivée, celles plus positives encore que nous apportions, que l'ennemi ne s'endormait pas, firent craindre qu'on ne le vît prochainement arriver. En conséquence, le gouvernement jugea qu'il n'y avait point de temps à perdre, et que les navires en rade dans la baie de la Table devaient se réfugier à l'instant dans celle de Saldanha, où ils pourraient échapper plus sûrement aux recherches des Anglais : l'ordre en fut donné à tous les capitaines. Cet événement semblait favoriser mes desseins, et je me proposai de partir avec la flotte. M. Vangenep, qui commandait le *Mildelbourg*, eut la bonté de m'offrir un très-agréable logement sur son bord, et toutes les facilités pour m'occuper fructueusement des recherches que je méditais, lorsque nous serions dans la baie. J'acceptai ses services avec autant d'empressement que de reconnaissance; je fis embarquer mes effets. Le 10 du mois de mai nous mîmes à la voile, accompagnés de quatre autres vaisseaux, et le lendemain nous mouillâmes à Saldanha.

Ce golfe s'enfonce diagonalement, sur la droite de son embouchure, d'environ sept à huit lieues; à gauche en entrant, on trouve une petite anse, nommée Hoetjes-Bay; dix à douze vaisseaux de guerre peuvent y ancrer sur un bon fond; il est facile à des bâtiments plus faibles de pénétrer plus avant, même jusqu'à la petite île de Schaapen-Eyland, qui met à l'abri de toute intempérie. On y trouve, à la vérité, de l'eau inférieure à celle du Cap; mais, dans les mauvaises moussons, elle change de nature et devient excellente. Les paysans des environs apportent aux navires qui séjournent dans cette baie des provisions de toute espèce, à beaucoup meilleur marché qu'à la ville; de telle sorte enfin qu'un navire venant d'Europe, contrarié par le vent sud-est qui l'empêche d'arriver à la baie de la Table, peut gagner celle de Saldanha, certain d'y trouver des rafraîchissements en abondance. La compagnie entretient près de là un poste de quelques hommes, sous les ordres d'un caporal-commandant, qui, dès qu'il aperçoit un navire à l'embouchure de la baie, envoie par terre un exprès pour en donner avis au gouverneur.

Les cachalots, espèce de baleine que les Hollandais appellent *noord-kaaper,* abondent et jouent continuellement dans ce bassin. Je leur ai souvent envoyé des balles, lorsqu'ils se levaient droit au-dessus de la mer; il ne m'a jamais paru que cela leur fît le moindre effet. Nous trouvâmes une prodigieuse quantité de lapins dans la petite île de Schaapen-Eyland, qui devint notre garenne; c'était une bonne ressource pour nos équipages.

Le gibier de toute espèce fourmille dans les environs. On y trouve principalement de petites gazelles nommées *steenbock,* et plusieurs autres variétés. On y voit aussi des perdrix et des lièvres; l'embarras de monter ou de descendre continuellement dans les sables qui bordent cette plage, en rend la chasse très-pénible et très-fatigante. Les panthères y sont communes, mais moins féroces que dans d'autres parties de l'Afrique, parce que, le gibier leur procurant une nourriture facile, elles ne sont jamais pressées par la faim.

Quelques jours après mon arrivée, le commandant du poste me proposa de chasser avec lui. Le lendemain nous nous mîmes en route. Nous voyions beaucoup de gibier, et nous ne pûmes jamais parvenir à en joindre une seule pièce. Vers le déclin du jour, le hasard nous ayant séparés, comme si le sort eût voulu me familiariser tout d'un coup avec les dangers que j'étais venu chercher de si loin, je reçus une leçon à laquelle je ne m'attendais guère, et je fis pour la première fois une épreuve un peu rude, et qui fera frissonner plus d'un brave citadin. Les coups de fusil que je tirais çà et là éveillèrent une petite gazelle; mon chien se mit à la poursuivre, et, s'arrêtant à un très-gros buisson, il commença ses aboiements, tournant sans cesse autour du buisson. J'imaginai que la gazelle s'y était retirée ; j'accourus, dans l'espérance de la tuer; ma présence et ma voix excitèrent merveilleusement mon chien. J'attendais à chaque instant que la gazelle parût; mais, lassé de ne rien voir sortir, j'entrai moi-même dans l'épaisseur du buisson, frappant de côté et d'autre avec mon fusil pour écarter les branches qui me barraient le passage. Je n'exprimerai jamais comme je l'ai senti la stupeur et l'effroi qui me glacèrent lorsque, parvenu au centre du fourré, je me trouvai face à face avec une énorme et furieuse panthère. Son geste dès qu'elle m'aperçut, ses prunelles ardentes et fixées sur moi, son cou tendu, sa gueule à demi béante, et le sourd hurlement qu'elle laissait échapper, semblaient trop annoncer ma perte : je me crus dévoré. La tranquillité courageuse de mon chien me sauva. Il tint l'animal en arrêt, et le fit balancer entre la fureur et la crainte. Je reculai doucement jusqu'au bord du buisson; mon admirable chien imitait tous mes mouvements, serrant de près son maître, et résolu sans doute à périr avec lui. Je regagnai la plaine et repris au plus vite le chemin du poste, regardant de temps en temps derrière moi. Cependant j'entendais dans l'éloignement des coups de fusil tirés par intervalles; je jugeai bien qu'ils étaient de mon compagnon, qui me cherchait. Il faisait nuit; je ne fus pas curieux de l'aller joindre, et le laissai tirer à son plaisir; il arriva enfin, mais fort tard. Sa surprise en me voyant sain, sauf et bien entier fut égale à sa joie. Il m'avoua qu'il avait jugé, par la façon dont mon chien aboyait, que j'étais aux prises avec une hyène ou un tigre, et que, ne m'entendant point répondre à ses coups de fusil, il m'avait cru déchiré par morceaux. Cette aventure, lorsque je la lui eus racontée en détail, finit par nous faire beaucoup rire; mais ce qu'il m'apprit à son tour sur ce que j'aurais dû tenter dans cette rencontre me fit regretter de n'avoir point tiré l'animal. Au reste, si nouveau dans la patrie des bêtes féroces, celle-là était la première que j'eusse ainsi contemplée, et j'ignorais complétement comment il fallait s'y prendre avec les panthères. C'est ainsi que j'amusais mes loisirs, et me préparais insensiblement à de plus grands dangers.

Nous nous rendions fort souvent à l'île Schaapen pour y tuer des lapins. Dans une de ces promenades, qui jusque-là ne nous avaient procuré que de l'agrément, nous nous vîmes à deux doigts de la mort. Il s'éleva tout à coup à côté de notre chaloupe un cachalot qui nous fit une peur effroyable; il était si près, que, dans la crainte qu'en retombant il ne nous fît chavirer et ne nous engloutît à jamais sous son énorme poids, nos matelots sautèrent à l'eau; mais celui qui était au gouvernail revira si lestement, que nous évitâmes le monstre. Cet animal s'était élancé au moins de douze pieds hors de l'eau; il nous arrosa tous en replongeant, et notre chaloupe reçut une si violente commotion, qu'elle faillit être submergée. Il est certain que, sans la présence d'esprit de notre pilote, aucun de nous n'échappait à la mort.

Le cachalot porte ordinairement soixante à quatre-vingts pieds de long, quelquefois davantage. Souvent il se dresse perpendiculairement au-dessus de la mer, jusqu'à moitié de sa longueur; et, lorsque cette lourde masse retombe, le bruit de sa chute égale celui d'un coup de canon.

Un soir que nous étions à souper, notre vaisseau fit un mouvement convulsif si extraordinaire, que, ne sachant ce que ce pouvait être, nous quittâmes précipitamment la table pour courir au tillac. L'alarme était générale dans tout l'équipage; Vangenep croyait que nous avions chassé sur nos ancres, et que nous battions au rocher sur lequel nous étions dérivés. Mais, remarquant par la position des autres vaisseaux que nous n'avions point changé de place, on jugea que ce devait être autre chose, et l'inquiétude ne fit que redoubler. On chercha la cause de ce mouvement précipité. Enfin on entrevit un cachalot. Il s'était élevé à l'avant, et venait de passer, en replongeant, entre nos deux câbles, qui se croisaient. Comme il se trouvait arrêté par l'extrémité de sa queue, dont l'envergure est excessivement large, les efforts furieux qu'il faisait pour se débarrasser avaient secoué et secouaient encore le vaisseau. On sauta à l'instant dans les chaloupes, on courut aux harpons; mais l'obscurité de la nuit retarda malheureusement la manœuvre nécessaire pour le prendre; et, dans le moment où les chaloupes l'approchaient, il se dégagea. Tout le monde en fut fâché. En mon particulier je le regrettai beaucoup, jusqu'au moment où le hasard en mit un à ma disposition. Le danger passé, nous vînmes nous remettre à table, et comme une fausse alarme est toujours le signal d'une joie très-vive, nous nous amusâmes à nous persifler les uns les autres, à dépeindre réciproquement les impressions différentes que la frayeur avait produites sur chacun des convives; personne ne fut épargné.

La promptitude des ordres et la vigilance de Vangenep dans cette occasion m'étaient un sûr indice qu'il avait eu lui-même beaucoup d'inquiétude; mais il n'en avait rien laissé paraître : tant il est vrai que le sang-froid du chef masque le péril et rassure la foule! Telle doit être jusqu'au dernier moment la conduite d'un bon marin. La consternation est bientôt générale quand l'équipage voit l'épouvante écrite sur le front de son capitaine; je me rappelai alors l'épreuve que j'en avais faite, en passant sous la ligne, lorsque nous nous étions laissé canonner honteusement par un petit corsaire.

On découvre encore à l'entrée de la baie de Saldanha une petite île appelée Daffen-Eyland (île des Marmottes); j'ignore si dans les temps antérieurs on y voyait de ces animaux, mais je n'y en ai point trouvé. Une tradition commune à tous les voyageurs m'avait appris qu'un navire danois contrarié par les vents, ne pouvant entrer dans la rade du Cap, était venu se mettre à l'abri dans cette baie, et qu'après quelque séjour, le capitaine y étant mort, son équipage l'avait enterré dans la petite île et lui avait élevé un tombeau.

Toutes les fois que, pour me rendre au Shaapen-Eyland, je passais à la hauteur de cette île, un bruit sourd qui avait quelque chose d'effrayant venait frapper mon oreille: j'en parlai à mon capitaine. Il me répondit que, pour peu que cela me fît plaisir et m'intéressât, nous y ferions une descente; qu'il serait curieux lui-même de voir le tombeau danois. Dès le matin il donna ses ordres, et nous partîmes.

A mesure que nous approchions, ce bruit sourd piquait notre curiosité, d'autant plus que la mer, se brisant avec violence contre les rochers qui formaient le rempart de cette île, ajoutait encore au bourdonnement dont nous ne devinions pas la cause.

Arrivés enfin, je ne dirai pas que nous mîmes pied à terre ; car nous fûmes obligés de le mettre à l'eau, tant la barre s'allongeait avec violence ; nous étions à tous moments couverts de son écume. Nous escaladâmes la roche avec beaucoup de peine et de danger, et parvînmes à son escalade. Jamais spectacle semblable ne s'est offert ailleurs aux yeux d'un mortel. Il s'éleva tout à coup de toute la surface de l'île une nuée impénétrable qui formait, à quarante pieds sur nos têtes, un dais immense, ou plutôt un ciel d'oiseaux de toute espèce et de toutes couleurs. Les cormorans, les mouettes, les hirondelles de mer, les pélicans, tout le peuple ailé qui borde cette partie de l'Afrique était, je crois, rassemblé là. Tous ces croassements mêlés ensemble et modifiés suivant leurs différentes espèces formaient une musique horrible ; j'étais à tous moments forcé de m'envelopper la tête pour en diminuer les déchirements et me donner un peu de relâche.

L'alarme fut d'autant plus générale parmi ces légions innombrables d'oiseaux, que nous avions principalement affaire aux femelles ; car c'était le moment de la ponte. Elles avaient des nids, des œufs et des petits à défendre ; c'étaient des harpies acharnées contre nous. Leurs cris nous assourdissaient. Souvent elles s'abattaient à plein vol, et nous rasaient le nez. Les coups de fusil redoublés ne les épouvantaient point ; rien n'eût été capable d'écarter ce nuage. Nous ne pouvions faire un pas sans écraser des œufs ou des petits ; la terre en était jonchée.

Les cavernes et les crevasses des rochers étaient habitées par des phoques et des morses. Nous tuâmes, entre autres, un de ces derniers, qui était monstrueux.

Les plus petits abris servaient de retraite aux manchots, qui foisonnaient par-dessus toutes les autres espèces. Cet oiseau, d'environ deux pieds de haureur, ne porte point son corps comme les autres oiseaux : il se tient perpendiculairement sur ses pieds. Cela lui donne un air de gravité d'autant plus ridicule, que ses ailes, totalement dépourvues de plumes, pendent négligemment de chaque côté; il ne s'en sert que pour nager. A mesure que nous avancions vers le milieu de l'île, nous en rencontrions des troupes innombrables. Bien dressés sur leurs pattes, ces animaux ne se dérangeaient en aucune façon pour nous laisser passer; ils entouraient plus particulièrement le mausolée, et semblaient en défendre l'approche. Tous les environs en étaient obstrués. La nature avait fait pour le simple tombeau de ce pauvre capitaine danois ce que va chercher bien loin l'imagination d'un poëte, et ce qu'exécute à plus grands frais le ciseau de nos artistes; le hideux chat-huant le mieux sculpté dans nos temples n'a point l'air sinistre et mortuaire du manchot. Les cris lugubres de cet animal, mêlés à ceux des veaux marins, imprimaient dans l'âme je ne sais quelle tristesse qui disposait à l'attendrissement. Je fixai quelque temps mes regards sur ce dernier asile d'un malheureux voyageur, et j'offris un soupir à ses restes. Le monument, élevé sans doute à la hâte, n'offrait rien de remarquable : c'était un carré long de trois pieds de hauteur, et construit à sec avec des éclats du rocher dont l'île s'environne. J'aurais été curieux de fouiller dans l'intérieur de la tombe. Elle renfermait peut-être, avec la triste dépouille du capitaine, l'histoire de sa mort, ou quelque indice sur sa famille et sa patrie. Si j'avais été seul, j'aurais osé troubler sa cendre; mais, avec des marins hollandais, je me gardai bien d'en faire seulement la proposition. Le respect pour les morts est poussé chez eux jusqu'au scrupule; ils ne m'auraient point vu de bon œil porter les mains sur cette tombe solitaire et paisible; et comme par-dessus tout ils sont superstitieux à l'excès, si dans la suite il était arrivé quelque accident au navire, ils n'auraient pas manqué de m'en attribuer la cause. Je me tus prudemment; mais en quittant cette île, je me promis tout bas d'y revenir un jour.

Nous emplîmes notre chaloupe de toutes les espèces d'animaux que nous avions sous la main. Les manchots ne furent pas oubliés; nous en tirâmes beaucoup d'huile à brûler.

Nos matelots avaient aussi ramassé une prodigieuse quantité d'œufs; ils nous fournirent pour plusieurs jours un aliment que nous trouvions délicieux, et qui venait fort à propos varier la nourriture sèche et trop uniforme du navire.

Il y avait à peine trois mois que nous séjournions dans la baie; j'en connaissais déjà tous les environs; j'avais si bien poursuivi mon but, que, dans ce court espace de temps, j'avais rassemblé une collection considérable et précieuse d'oiseaux, de coquilles, d'insectes, de madrépores, etc. Mais un événement funeste m'eut bientôt et pour toujours privé du fruit de mon travail, de mes recherches et de mes courses si pénibles.

Nous reçûmes, par terre, un exprès du gouverneur qui nous apprit que M. de Suffren, après son affaire de Santiago, était arrivé au Cap, et qu'on y attendait prochainement une autre flotte française. Cet exprès apportait au *Woltemaade*, le même bâtiment sur lequel j'étais arrivé d'Europe, l'ordre de partir aussitôt pour Ceylan, lieu de sa destination. Le pauvre capitaine S*** V*** mit donc à la voile dans les premiers jours du mois d'août. En me rappelant notre ridicule combat avec le corsaire, il ne m'était pas difficile de pressentir que le *Woltemaade* serait aussitôt pris qu'aperçu par les Anglais : c'est, en effet, ce qui lui arriva. A peine entrait-il en marche, qu'il fut rencontré et paisiblement amariné par l'escadre du commodore Jonhston. Cette prise fit notre malheur. Instruit par la plus lâche indiscretion de l'équipage, Jonhston vint droit à nous, et se présenta à l'ouverture de la baie, avec pavillon de France. On crut d'abord que c'était la flotte alliée qui nous avait été annoncée ; mais un cutter qui précédait, ayant arboré pavillon anglais, nous envoya sa bordée, qui fut suivie de celles des autres vaisseaux. Le nombre ne permettant point à nos gens de disputer la place, il ne resta d'autre ressource que de couper précipitamment les câbles pour se faire échouer. On abandonna les navires, chacun chercha son salut dans la fuite. Le désordre et la confusion se répandirent de toutes parts : les malheureux navires furent livrés au pillage le plus affreux. Chacun en emporta ce qui lui convenait davantage. Mon capitaine mit le feu au sien, et les Anglais arrivèrent assez à temps sur les autres pour les empêcher de brûler ou d'échouer.

La crainte d'être poursuivis, pris ou massacrés par l'ennemi, précipitait nos matelots sur le chemin du Cap. Vingt lieues de sables à traverser jusqu'à la ville en avaient découragé beaucoup. Ces misérables s'étaient tellement surchargés, qu'ils avaient été contraints d'abandonner sur la route une partie de leurs effets. Les différents sentiers qu'ils avaient pris en étaient parsemés; on en rencontrait partout. Ce jour-là, malheureusement, je chassais. Le bruit des canonnades parvint jusqu'à moi. Je m'arrêtai à l'idée toute naturelle de quelque fête donnée sur notre escadre, et je hâtai mes pas pour m'y rendre afin d'en jouir. Arrivé sur les dunes, quel spectacle vint frapper mes regards! le *Mildelbourg* sautait; la mer et les airs, tout fut en un moment rempli de ses débris enflammés. J'eus la douleur mortelle de voir mes collections, et ma fortune, et mes projets, et toutes mes espérances, gagner la moyenne région et s'y résoudre en fumée.

Cependant les Anglais ne cessaient de canonner les dunes, et de poursuivre les traînards que la cupidité avait retenus trop longtemps sur nos vaisseaux. De cinq prisonniers que nous avions sur notre bord, quatre s'étaient jetés à la mer en reconnaissant le pavillon de leur nation, et avaient rejoint leur flotte. Le cinquième avait préféré débarquer avec nos gens. Je le vis qui longeait la dune à dix pas de l'endroit où j'arrivais. Je le reconnus. Dans le moment où je lui faisais en sa langue, du mieux qu'il m'était possible, une question sur cette catastrophe effroyable, un boulet qui lui coupa la tête emporta sa réponse. Un autre de la même bordée en fit autant à un gros chien qui avait l'air de chercher son maître, et s'approchait de moi effaré et tremblant. Ces deux boulets m'en faisant craindre un troisième, je désemparai à l'instant, et m'allai mettre à l'abri dans le revers de la dune.

Quelle était ma position après une aussi terrible aventure! En supposant que je ne voulusse point aller au Cap mendier des secours et grossir la foule des malheureuses victimes échappées à la flamme et au fer de l'ennemi, indifférent à cette scène d'horreur où je n'aurais dû courir aucun risque, puisqu'elle ne m'eût donné nul profit; sans titre, sans état, sans commission, seul, éloigné de tous les miens, dont l'image trop chérie, comme un éclair, vint se retracer devant moi; à deux mille lieues de ma femme, de mes enfants, de ma patrie adoptive; dans un pays sauvage, sans espoir d'y retrouver même un abri tranquille et sûr; n'ayant pour toutes ressources que mon fusil, dix ducats dans ma bourse et le mince habit que je portais : quel parti me restait-il à prendre et qu'allais-je devenir? Toutes ces idées vinrent me frapper à la fois, et je sentis couler mes larmes. Dans ma situation déplorable, je tournai mes yeux vers le rivage : les vainqueurs, à la poursuite des fuyards, pouvaient disposer de ma vie, et d'un coup de fusil m'en épargner les misères! Je formai un moment ce souhait barbare, et trouvai pour la première fois de la férocité dans mon cœur.

Mais bientôt replié sur moi-même, et songeant à mon extrême jeunesse, qui m'offrait un appui consolant dans mes propres forces, je pris enfin mon parti et fus moins désespéré de mon sort. Il me vint dans l'esprit qu'un colon que j'avais vu plusieurs fois dans mes courses, et qui n'était qu'à quatre lieues de là, voudrait bien me garder chez lui jusqu'à ce que j'eusse reçu des secours de ma famille en Europe. Je me traînai donc jusqu'à sa demeure solitaire. Je demandai l'hospitalité : mon malheur était peint sur ma figure. Le sensible Slaber me tendit les bras, et, me prenant par la main, il me présenta sur-le-champ à sa famille. Dès le lendemain, j'imitai la constante hirondelle dont on a impitoyablement brisé le nid; je revins, non sans tristesse, à l'A B C de ma collection.

Quelques jours après, on reçut des nouvelles du Cap : tous nos capitaines avaient été cassés, excepté Vangenep, le seul qui eût fait sauter son navire, et dont la belle action venait de me ruiner à jamais.

En partant pour la baie, ils avaient tous reçu l'ordre de se faire sauter s'ils étaient attaqués de façon à ne pouvoir se défendre; on leur avait donné un *hoeker,* petit bâtiment qui, ne tirant pas beaucoup d'eau, devait pénétrer au plus loin possible dans la baie, et servir de dépôt général des cordages, voiles, agrès, etc., des vaisseaux. Cette partie de l'ordre avait été exécutée; et si le capitaine de cette flûte y avait mis le feu, comme on le lui avait très-expressément recommandé, il jetait les Anglais dans l'embarras, et les réduisait à la nécessité peut-être d'abandonner nos vaisseaux, que, faute d'agrès nécessaires, ils n'auraient pu emmener avec eux. Bien plus avancé dans le fond de la baie que nos autres navires, tandis que les Anglais les canonnaient et s'en emparaient, il avait eu plus que le temps nécessaire pour se faire sauter; non-seulement il n'avait fait aucune disposition pour cela, mais, quittant son bord pour se sauver à la vue du cutter qui venait le saisir, il ne pensa pas même à mettre le feu à son bâtiment; et, par une contradiction inconcevable et qui tient de l'extravagance, il alla brûler et réduire en cendres une belle habitation qu'il trouva à l'extrémité de la baie, dans un endroit où la mer était si basse, que les chaloupes mêmes n'y pouvaient aborder; aussi fut-il poursuivi en justice par le propriétaire, le sieur Heufke, qui comptait bien le faire condamner tout au moins à lui payer le montant du dommage.

Les matelots et les officiers de nos équipages, accourus tumultueusement à la ville, n'avaient que trop répandu le malheur que nous venions d'essuyer. M. le fiscal, ne me voyant point de retour avec les autres et n'entendant point parler de moi, fit faire des perquisitions : on lui découvrit la retraite que je m'étais choisie. Peu de jours après je le vis arriver. Combien je me repentis alors d'avoir perdu sitôt la tendre confiance qu'il m'avait inspirée ! Je lui rendis compte de la situation cruelle où m'avait plongé le malheur commun, de l'affreuse détresse où me jetait la perte de tout ce que je possédais au monde. Je lui fis part de la résolution que j'avais prise de rester chez l'honnête Slaber jusqu'à ce que j'eusse reçu des nouvelles de ma famille, et de travailler, en attendant, à rebâtir l'édifice de mes collections et de mes recherches en histoire naturelle.

M. Boers m'avait écouté tranquillement et sans m'interrompre. Que ne puis-je ici graver en lettres d'or et ses tendres reproches et ses pressantes sollicitations de le suivre au moment même ! Son ton sans morgue, sans ce verbiage impertinent de nos protecteurs d'Europe, mais avec cette bonhomie ouverte et franche qui mesure l'homme par l'homme et juge toujours le protégé digne du bienfait. « Monsieur, me dit-il lorsque j'eus fini de m'excuser, vous n'oublierez pas que vous m'êtes recommandé. L'instant qui vous voit malheureux est aussi le moment où je dois, à mon tour, mériter la confiance des amis qui ont compté sur moi ; je ne la trahirai point. Ma maison, ma table, les secours les plus pressés, je vous offre tout ; reprenez courage ; dressez de nouvelles batteries ; revenez à vos plans, et n'attendez pas, pour commencer vos voyages, les nouvelles incertaines d'Europe. C'est à moi de pourvoir à ces détails. Acceptez, il le faut, je le veux. »

Cette âme sensible parlait à la mienne une langue si chère! Un refus l'aurait trop blessée ; je me rendis. C'est donc à cet ami généreux que je dus l'avantage inappréciable de me livrer, sans de plus longs délais, aux préparatifs de ce voyage tant désiré, ainsi qu'aux dépenses ruineuses qu'allait entraîner son exécution ; j'en renouvellerai plus d'une fois le souvenir ; il devient un besoin pour mon cœur. Je me rappelle avec une égale reconnaissance tout ce qu'a fait pour moi, dans mes différentes apparitions au Cap, M. Hacker, gouverneur en second. Je rends grâces à M. Gordon, commandant des troupes, pour les services qu'il était en son pouvoir de me rendre et qu'il ne m'a point épargnés. Ses observations curieuses, publiées en Hollande par Allaman, sont estimées, et j'avoue que je lui suis particulièrement redevable d'une foule de détails précieux qui m'auraient peut-être échappé sans les instructions et les conseils que j'en reçus avant mon départ pour l'intérieur du pays, où lui-même avait entrepris quelques voyages.

Je demandai qu'il me fût permis de passer encore une quinzaine de jours à Saldanha, afin de réparer, s'il était possible, une partie des pertes que m'avaient causées les Anglais. Ne sachant point si dans la suite j'aurais occasion de repasser en ces lieux funestes, je voulais au moins me procurer les objets que j'étais presque assuré de ne point retrouver ailleurs. Je n'avais, pour ainsi dire, qu'à mettre la main dessus; je connaissais si bien le terrain! je l'avais si souvent arpenté en tous sens! car, avant la tragique histoire de nos vaisseaux, j'avais acheté un cheval et pris à mon service un Hottentot qui m'avait indiqué jusqu'aux retraites les plus cachées. Mon hôte lui-même et ses deux fils m'aidèrent beaucoup dans mes recherches; au moindre signe, ils prévenaient mes désirs : on eût dit qu'ils étaient à mes ordres. Je n'envisageais jamais ces braves gens sans un étonnement mêlé d'admiration. Le bon Slaber avait en outre trois filles. Leur figure et leur taille offraient réellement un spectacle imposant; cette famille était superbe.

Comme je mis à profit ces quinze jours accordés avec tant de peine par l'amitié! Les coquilles, les plantes et la chasse partageaient tous mes instants. La chasse surtout, ma passion favorite, m'exposait sans cesse aux dangers les plus grands, et m'avait fait une réputation d'intrépidité qui s'était répandue à dix lieues à la ronde.

Un soir que j'étais rentré de fort bonne heure, je trouvai à la maison un habitant que je ne connaissais point, et qui m'attendait. Il se nommait Smit. Il était venu pour solliciter nos secours contre une panthère qui, fixée depuis quelque temps dans son canton, enlevait régulièrement toutes les nuits quelque pièce de son bétail. Sa proposition me fit grand plaisir; je l'acceptai avec transport. Enchanté de faire en règle la chasse de cet animal, je comptais me venger sur lui de l'épouvante que m'avait causée son pareil dans la baie de Saldanha.

Jour pris pour le lendemain, nous déterminâmes quelques jeunes gens des environs à se joindre à nous. Je remarquai qu'ils ne s'y prêtaient pas de trop bonne grâce. J'en fis honte aux plus récalcitrants; ce fut un coup d'aiguillon pour les autres. Nous réunîmes tous les chiens que nous pûmes trouver, et chacun s'arma de pied en cap. Toutes nos batteries ainsi dressées, comme s'il se fût agi d'une prise d'assaut, on se sépara. Je me mis sur mon lit pour y dormir quelques heures et me disposer à la fatigue du lendemain. Je ne pus fermer l'œil d'impatience et d'aise. Dès la pointe du jour, je gagnai la plaine avec mon escorte. Smit et quelques amis nous attendaient; nous nous trouvâmes environ dix-huit chasseurs. Nos chiens réunis formaient une meute de pareil nombre. Nos apprîmes que la panthère avait encore enlevé un mouton pendant la nuit.

Un des canons de mon fusil était chargé de très-gros plomb, l'autre de chevrotines. J'avais en outre une carabine chargée à balles; mon Hottentot la portait et me suivait. Le pays, assez bien découvert, n'offrait çà et là que quelques buissons isolés. Il nous fallait visiter avec bien des précautions tous ceux qui se trouvaient sur notre passage.

Après plus d'une heure de recherches, nous tombâmes sur le mouton, dont la panthère n'avait dévoré que la moitié. Une fois sûrs de la piste, l'animal n'était pas loin et ne pouvait nous échapper.

En effet, quelques instants après, nos chiens, qui jusque-là n'avaient fait que battre confusément la campagne, se réunirent tout à coup, et, pressés ensemble, s'élancèrent à deux cents pas de nous, vers un énorme buisson, où ils se mirent à aboyer, à hurler de toutes leurs forces.

Je sautai de mon cheval, que je remis à mon Hottentot, et, courant du côté du buisson, je m'établis sur un petit monticule qui en était à cinquante pas; mais, jetant les yeux derrière moi, je vis qu'il n'y avait pas un seul de mes compagnons qui fît bonne contenance. Jean Slaber, un des fils de mon hôte, colosse de six pieds, vint se ranger près de moi; il ne voulait point, disait-il, m'abandonner, même au péril de sa vie. Au battement de son cœur, aux traits effarés de son visage, je jugeai que le pauvre garçon comptait peu sur lui-même; je sentais, pour en tirer parti, qu'il avait besoin d'un homme ferme qui le rassurât. En effet, quelle que fût sa terreur, je pense qu'il se croyait en plus grande sécurité près de moi qu'au milieu de ses poltrons de camarades, que nous voyions divaguer dans la plaine, et se tenir à une distance respectueuse.

Ils m'avaient tous averti que, dans le cas où je joindrais l'animal d'assez près pour en être entendu, je ne devais point crier : *Saa, saa;* que ce mot mettait le tigre en fureur, et qu'il s'élançait de préférence sur celui qui l'avait prononcé. Mais, en rase campagne, bien à découvert, et ne pouvant être surpris par l'animal, je me mis à crier plus de mille fois : *Saa, saa, saa,* autant pour exciter les chiens que pour l'arracher de son fort. Ce fut en vain; l'animal et la meute, également effrayés l'un de l'autre, n'osaient ni pénétrer ni sortir; parmi les chiens cependant je remarquai des mâtins pour qui j'aurais parié, si leur courage eût secondé leurs forces. Ma chienne seule, la plus petite de la troupe, se montrait toujours à la tête des autres. Elle seule s'avançait un peu dans le buisson ; il est vrai que, reconnaissant ma voix, elle en était animée et plus acharnée que les autres.

L'affreux tigre poussait des rugissements terribles. A chaque instant je le croyais lancé. Les chiens, au moindre mouvement qu'il faisait sans doute, se jetaient avec précipitation en arrière, et détalaient à toutes jambes. Quelques coups de fusil tirés au hasard le déterminèrent enfin. Il sortit brusquement. Cette apparition subite fut pour tout le monde un signal de décamper. Jean Slaber lui-même, qui, taillé comme un Hercule, aurait pu lutter avec l'animal et l'étouffer dans ses bras, perd tout à coup la tête ; il cède à sa frayeur, s'enfuit vers les autres, et m'abandonne. Je reste seul avec mon Hottentot. Le tigre, pour gagner un autre buisson, passe à cinquante pas de nous, ayant tous les chiens à ses trousses. Nous le saluons de nos trois coups à son passage.

Le buisson dans lequel il se réfugiait était moins haut, moins grand, et moins touffu que celui qu'il venait de quitter ; des traces de sang me firent présumer que je l'avais touché, et l'acharnement redoublé des chiens m'en donna la preuve. Une partie de mon monde alors se rapprocha ; mais le plus grand nombre avait tout à fait disparu.

L'animal fut encore harcelé pendant plus d'une heure ; nous tirâmes au hasard dans le buisson plus de quarante coups de fusil. Enfin, lassé, impatienté même de ce manége qui ne finissait rien, je remontai à cheval, et retournai avec précaution du côté opposé aux chiens. Je présumai qu'occupé à se défendre contre eux, il me serait aisé de le surprendre par derrière. Je ne m'étais pas trompé, je l'aperçus. Il était acculé, jouant des pattes pour tenir en respect ma petite chienne, qui venait aboyer jusqu'à la portée de sa griffe. Quand j'eus pris tout le temps nécessaire pour bien ajuster, je lui lâchai ma carabine, et je la laissai tomber pour me saisir promptement de mon fusil à deux coups que je portais à l'arçon de ma selle. Cette précaution fut inutile : l'animal ne parut point; et, mon coup parti, je ne le vis même plus. Quoique sûr de l'avoir atteint, il y aurait eu de l'imprudence à pénétrer tout de suite dans ce fourré. Cependant on ne l'entendait point; je le soupçonnais ou mort ou dangereusement blessé. « Amis, criai-je alors à ceux de nos chasseurs qui s'étaient rapprochés, allons, tous de front, et sur une ligne serrée, droit à lui; il faut bien, s'il vit encore, que tous nos coups lâchés ensemble le démontent, s'il se présente : quel risque pouvons-nous courir? » Il n'y eut qu'une voix pour me répondre ; mais elle fut négative. Ma proposition ne fut goûtée de personne. Indigné, furieux : « Camarade, dis-je à mon Hottentot, non moins animé que son maître, l'animal doit être ou mort ou très-malade. Monte à cheval, approche-toi comme je l'ai fait, et tâche de découvrir dans quel état nous l'avons mis. Je vais garder l'entrée; pour cette fois, s'il veut échapper, je l'assomme. Nous pouvons l'achever sans le secours de ces lâches. » Il ne fut pas plutôt entré, qu'il me cria qu'il apercevait le tigre étendu de son long sans aucun mouvement apparent, et qu'il le jugeait mort. Pour s'en assurer, il lui tira un dernier coup de sa carabine; j'accourus; tout mon corps frémissait d'aise et d'exaltation; mon brave Hottentot partageait mes vifs transports. La joie redoublait nos forces. Nous traînâmes l'animal en plein air; il me semblait énorme. Je commençai d'abord par prendre en détail toutes ses dimensions; je l'examinais et le retournais dans tous les sens, je l'admirais avec orgueil. C'était là mon coup d'essai; et le tigre, par hasard, se trouva monstrueux. Depuis l'extrémité de la queue jusqu'à la moustache, il portait sept pieds deux pouces sur une circonférence de deux pieds dix pouces. Je lui reconnus tous les caractères de la panthère si bien décrits par Buffon. Mais, dans toute la colonie, on ne le nomme pas autrement que le tigre. Cet usage a prévalu, quoique dans toute cette partie de l'Afrique on ne rencontre aucun tigre proprement dit, et qu'il y ait une grande différence entre l'un et l'autre de ces animaux; les Hottentots l'appellent *garou gama*, c'est-à-dire *lion tacheté*.

Je n'ai pas manqué d'occasions, par la suite, de voir beaucoup de ces animaux, ainsi qu'une autre espèce appelée par les Hollandais *luipar* (c'est le léopard des Français); une autre petite espèce encore qu'on nomme chat tigré, et qui est l'ocelot de Buffon : j'en parlerai en diverses rencontres.

Lorsque j'eus fini toutes mes remarques sur ma panthère, et que j'en eus pris le dessin, nous nous mîmes en devoir de la déshabiller. Les poltrons se rapprochaient peu à peu, en nous voyant opérer si tranquillement. On se figure sans peine leur air honteux et décontenancé. N'avaient-ils pas à rougir devant un étranger qui, pour la première fois aux prises avec une bête féroce, avait tenu ferme et montré plus d'intrépidité qu'eux tous, quoiqu'ils fussent nés et élevés, pour ainsi dire, au milieu des monstres de l'Afrique ?

Lorsque j'eus fini de dépouiller ma proie, mon Hottentot s'affubla de sa peau ; je saluai mes fiers chasseurs, et nous retournâmes au gîte.

Nous marchâmes en triomphe, escortés par plusieurs chiens dont les maîtres s'étaient éclipsés les premiers. Ils ne nous approchaient qu'avec une sorte d'appréhension. La peau du tigre les tenait en respect ; et lorsque, pour les effrayer davantage, mon Hottentot se retournait, faisait un mouvement vers eux, c'était à qui détalerait le plus vite, comme si le tigre vivant eût été à leurs trousses ; ce qui nous divertissait beaucoup.

Le temps que je m'étais moi-même limité en quittant M. Boers venant d'expirer, je résolus de profiter de la saison favorable pour mon grand voyage dans l'intérieur. J'avais de grands préparatifs à faire, de nombreux renseignements à recevoir. Je pris donc congé du bon Slaber, de toute sa famille, que je quittais à regret ; et, libre de soins, d'embarras, d'inquiétude, plus léger que je n'étais venu, je lançai un dernier regard vers la baie de Saldanha, et me mis en route pour le Cap.

CHAPITRE III

Retour au Cap. — Préparatifs. — Voyages à l'est du Cap par la terre de Natal et celle de la Cafrerie.

M. Boers m'attendait; à mon arrivée, je fus installé dans sa maison. J'y trouvai tout ce qui pouvait flatter mes désirs, et ces tendres soins de l'amitié que vend si cher ailleurs l'orgueilleuse insolence d'un satrape enrichi. Il me prévint sur les apprêts nécessaires de mon voyage, et me pria d'y songer. Ce fut alors que je me liai plus particulièrement avec M. Gordon, commandant des troupes. Il trouvait mon entreprise trop hardie, dans un moment surtout où les Cafres étaient en guerre avec les colons et par conséquent avec les Hottentots. Tout en approuvant mes projets, il ne me cacha pas les risques de l'exécution. Ce qu'il me racontait des dangers qu'il avait courus en voulant tenter une pareille entreprise redoublait encore mon ardeur; je me croyais exempt des malheurs dont il prenait plaisir à me faire un tableau si peu encourageant.

Malgré toute ma diligence, il me fallut beaucoup de temps pour terminer les préparatifs de mon départ. Ces préparatifs étaient considérables; car, dans cette première effervescence qui transporte l'imagination au delà des bornes ordinaires, je ne m'étais point donné de limites et n'en connaissais pas. Résolu, au contraire, à pousser en avant le plus loin et le plus longtemps qu'il me serait possible, je ne savais si le retour serait en mon pouvoir comme le départ; mais je voulais surtout m'épargner le cruel désagrément d'être contraint de m'arrêter par la privation des choses indispensables. Ainsi, jusqu'aux objets qui ne paraissaient pas avoir un but d'utilité bien direct, je n'avais rien négligé de ce qui pouvait être nécessaire à ma conservation dans les circonstances imprévues, et je craignais toujours d'avoir à me reprocher quelque oubli préjudiciable. Les trois mois passés au Cap ou dans les environs depuis mon retour dans la baie de Saldanha avaient à peine suffi à ces différents apprêts.

J'avais fait construire deux grands chariots à quatre roues, couverts d'une double toile à voiles; cinq grandes caisses remplissaient exactement le fond de l'une de ces voitures, et pouvaient s'ouvrir sans déplacement. Elles étaient surmontées d'un large matelas sur lequel je me proposais de coucher durant la marche, s'il arrivait que le défaut de temps ou toute autre circonstance ne me permît pas de camper; ce matelas se roulait en arrière sur la dernière caisse, et c'est là que je plaçais ordinairement un cabinet ou caisse à tiroir destiné à recevoir des insectes, des papillons et tous les objets un peu fragiles, ou qui demandaient plus de ménagement.

J'avais si bien réussi dans la construction de cette caisse, mes collections s'y étaient si bien conservées, et arrivèrent en si bon état, que, pour l'utilité des naturalistes qui s'occupent de cette partie, et que le désir d'un pareil voyage pourrait tenter, je prendrai plaisir à en indiquer la forme. Elle avait deux pieds et demi de haut, dix-huit pouces de profondeur et autant de largeur. Elle était divisée sur sa longueur en huit parties, contenant chacune une layette qui ne se prolongeait que jusqu'à trois pouces du fond. Ces layettes, ainsi posées verticalement, se tiraient par le haut, et n'avaient d'échappement que leur épaisseur, de telle sorte que si les secousses (et nous en éprouvions à tous moments de violentes) venaient à détacher quelques insectes de leurs cadres, ils tombaient au fond de la caisse dans le vide de trois pouces que j'avais su ménager, et ne pouvaient endommager les autres. Une couche de deux à trois lignes de cire vierge, fondue avec de l'huile de lin, et appliquée au fond de la caisse, en bouchait tous les pores, et par son odeur écartait les insectes malfaisants.

C'est ce premier chariot qui portait presque en entier mon arsenal; nous l'appelions le *chariot-maître*. Une des cinq caisses dont j'ai parlé était remplie par compartiments de grands flacons carrés, qui contenaient chacun cinq à six livres de poudre. Cela n'était que pour les détails et les besoins du moment. Le magasin général était composé de plusieurs petits barils. Pour les préserver du feu ou de l'humidité, je les avais fait rouler séparément dans des peaux de mouton fraîchement écorchées; cette enveloppe une fois séchée devenait absolument impénétrable. Tout calculé, je pouvais compter sur quatre à cinq cents livres de poudre, et deux mille au moins de plomb et d'étain tant en saumon que façonné. De seize fusils, j'en avais douze sur une voiture; l'un de ces fusils destiné pour la grande bête, comme rhinocéros, éléphant et hippopotame, portait un quart de livre. Je m'étais muni en outre de plusieurs paires de pistolets à deux coups, d'un grand cimeterre et d'un poignard.

Le second chariot offrait le plus plaisant attirail qu'on ait jamais vu ; mais il ne m'en était pas pour cela moins cher : c'était ma cuisine. Que de repas exquis et paisibles ! que le souvenir de ces détails de ma vie domestique est encore délicieux à mon cœur ! Je n'assiste jamais à ces dîners d'étiquette et de gêne où l'ennui vient distribuer les places, que le dégoût qu'ils me causent ne me reporte soudain au milieu de nos haltes, et ne présente à mon imagination le tableau si vivant et si varié de mes bons Hottentots occupés à préparer le repas de leur ami.

Les meubles de ma cuisine n'étaient pas considérables. J'avais un gril, une poêle à frire, deux grandes marmites, une chaudière, quelques plats et assiettes en porcelaine, des cafetières, tasses, théières, jattes, bouilloires : voilà à peu près tout ce qui composait mon ménage.

En outre, pour moi personnellement, je m'étais muni de linge de toute espèce, d'une bonne provision de sucre blanc et candi, de café, de thé, et de quelques livres de chocolat.

Je devais fournir du tabac et de l'eau-de-vie aux Hottentots qui faisaient ce voyage avec moi ; aussi avais-je forte provision du premier de ces articles, et trois tonneaux du second. Je voiturais encore une bonne pacotille de verroteries, quincaillerie et autres curiosités, pour faire, suivant l'occasion, des échanges ou des amis. Joignez à tous ces détails de ma caravane une grande tente, une canonnière ; les instruments nécessaires pour raccommoder mes voitures, pour couler du plomb; un cric, des clous, du fer en barre et en morceaux, des épingles, du fil, des aiguilles, quelques spiritueux, etc., et vous aurez une idée parfaite de ce ménage ambulant. Telle était la charge de mes deux voitures, qui pouvaient peser quatre à cinq milliers chacune. Je ne dois pas oublier de parler de mon nécessaire; il m'a trop souvent amusé. Rien n'est comparable à l'étonnement qu'il causait aux sauvages des pays lointains; je m'en servais toujours devant eux; leurs discours à ce sujet ont plus d'une fois prolongé ma toilette, et m'ont procuré d'agréables récréations.

Mon train était composé de trente bœufs, savoir: vingt pour les deux voitures, et les dix autres pour relais; de trois chevaux de chasse, de neuf chiens, et de cinq Hottentots; j'augmentai considérablement par la suite le nombre de mes animaux et de mes hommes. Ces derniers allaient quelquefois jusqu'à quarante. Ils augmentaient ou diminuaient, suivant la chaleur de ma cuisine; car, au sein des déserts d'Afrique comme en nos pays savants, on rencontre des tourbes d'agréables parasites, peu honteux de leur contenance; ceux-là pourtant, sans être trop à charge, ne m'étaient point tout à fait inutiles, et ne connaissaient pas l'art de faire la pirouette quand la nappe est enlevée.

Mon projet de voyage était connu de toute la ville du Cap. Aux approches de mon départ, je fus vivement sollicité par plusieurs personnes qui désiraient m'accompagner; c'était à qui viendrait m'offrir ses services. Nous raisonnions bien différemment, ces messieurs et moi. Ils s'imaginaient que leurs propositions allaient me causer beaucoup de joie; ils ne pouvaient croire que je pusse me résoudre à partir seul; cette idée leur semblait une folie, tandis que je n'y voyais, au contraire, que prudence et sagesse. J'étais instruit que de toutes les expéditions ordonnées par le gouvernement pour la découverte de l'intérieur de l'Afrique, aucune n'avait réussi; que la diversité des humeurs et des caractères ne pouvait concourir au même but; qu'en un mot cet accord, si nécessaire dans une expédition hardie et neuve, n'était point praticable parmi des hommes dont l'amour-propre devait se promettre une part égale au succès. Je n'avais garde, après cela, de m'exposer à perdre les frais de mon voyage et le fruit que je comptais en retirer; je voulais être seul et mon maître absolu. Ainsi je tins ferme : je rejetai toutes ces offres, et d'un mot je coupai court à toute espèce de propositions.

Lorsque mes équipages furent en ordre, je pris congé de mes amis, et, le 18 décembre 1781, à neuf heures du matin, je partis, escortant moi-même à cheval mon convoi. Je n'avais pas compté faire une longue marche. Suivant le plan que je m'étais dressé, je dirigeai mes pas vers la Hollande hottentote, et m'arrêtai, vers le déclin du jour, au pied des hautes montagnes qui la bornent à l'est du Cap.

Ce fut alors qu'entièrement livré à moi-même, et n'attendant de secours et d'appui que de mon bras, je rentrai, pour ainsi dire, dans l'état primitif de l'homme, et respirai, pour la première fois de ma vie, l'air délicieux et pur de la liberté.

Il fallait mettre quelque ordre dans mes opérations et parmi mon monde; tout dépendait des commencements. Sans être un grand philosophe, je connaissais assez les hommes pour savoir que qui veut être obéi doit leur imposer, et qu'à moins d'être ferme et vigilant sur leurs actions on ne peut se flatter de les conduire. Je devais craindre à tout moment de me voir abandonner des miens, ou que ma faiblesse ne les engageât au désordre. Je pris donc avec eux, sans affectation, un parti prudent, auquel j'ai toujours tenu dans la suite, sans qu'aucune circonstance m'ait fait relâcher un seul jour de mon utile sévérité.

Nous étions à peine arrêtés, que je donnai l'ordre de dételer en ma présence. Sous la conduite de deux de mes gens en qui j'avais reconnu plus d'exactitude et d'intelligence, j'envoyai pâturer mes bœufs. Je fis avec les autres la revue de mes voitures, de mes effets, afin de m'assurer s'il n'y avait rien de dérangé; j'examinai même jusqu'aux traits et harnais; je distribuai à chacun son emploi, et leur fis à tous un petit discours relatif aux différentes occupations qu'ils auraient dans la suite. C'est ainsi qu'ils prirent de moi sur-le-champ l'idée d'un homme soigneux et clairvoyant, et qu'ils comprirent que le moindre relâchement dans leur service ne pourrait m'échapper. Après cette inspection, je montai à cheval, et j'allai reconnaître sur le chemin la montagne que nous devions traverser le lendemain. A mon retour, je trouvai mes bœufs en état, et un grand feu que j'avais donné ordre d'allumer. Nous soupâmes légèrement des provisions que nous avions apportées de la ville. Enfin nous nous couchâmes, moi sur mon chariot, mes Hottentots à la belle étoile.

Le lendemain, nous attelâmes avant le jour, et nous nous mîmes en devoir d'aborder la montagne. Ce ne fut pas sans risque de briser nos voitures et d'estropier nos bœufs que nous gagnâmes son sommet. Le chemin en est taillé à pic dans le versant même. Il est si escarpé, si hérissé d'éclats de rocher, que je m'étonne qu'on néglige à ce point la seule route par laquelle les habitants de ces cantons puissent se rendre au Cap. Le haut de cette montagne offre un point de vue merveilleux. Le même coup d'œil embrasse toutes les habitations éparses dans un vaste bassin circonscrit par la chaîne des autres monts et par la mer.

Nous fûmes obligés de dételer nos bœufs pour leur donner quelques heures de repos. Inquiet sur la descente et voulant m'éclairer sur les moyens les plus faciles de regagner la plaine, je profitai de ce court intervalle pour aller moi-même reconnaître les lieux. Je me tranquillisai lorsque j'eus découvert que la montagne, s'abaissant à son revers par une pente insensible et douce, nous conduirait sans danger dans un pays charmant. Je rejoignis bientôt ma caravane, et nous reprîmes la marche. Le chemin était effectivement commode pour nos voitures et facile à rouler. Nous descendîmes avec autant de plaisir et de tranquillité que nous avions eu de peine et d'inquiétude de l'autre côté. Comme les animaux féroces ne se montrent que rarement dans ces cantons, nous n'avions rien à redouter, ni aucune précaution à prendre ; nous poussâmes donc la marche jusqu'à dix heures du soir, et nous arrivâmes sur les bords de la rivière Palmit, ainsi nommée par les Hollandais à cause de la quantité de roseaux qui garnissent ses bords.

A nôtre réveil nous cherchâmes en vain nos bœufs près de nous ; ils avaient tous disparu. N'étant point encore habitués à se coucher le long de nos voitures pendant la nuit, ils s'étaient dispersés de côté et d'autre. Mes gens se mirent en quête; il fallut beaucoup de temps pour les rassembler. Nous ne nous trouvâmes en état de partir qu'à neuf heures du matin. Vers onze heures, j'allais passer à cinquante pas d'une habitation qui se présentait devant moi, lorsque le maître de la maison, qui sans doute épiait la caravane, vint à ma rencontre; du plus loin qu'il m'aperçut, il se fit reconnaître. C'était le même qui m'avait vendu au Cap mon chariot-maître et les cinq paires de bœufs qui le tiraient; je ne pus me dispenser de faire halte, et fus même obligé d'accepter son dîner, qu'il m'offrit avec des instances réitérées et pressantes. Je me rendis honnêtement, surtout lorsqu'il me déclara qu'ayant appris au Cap le jour de mon départ et la route que je comptais prendre, il en était parti pour gagner les devants avec les siens, et se préparer à me recevoir dans son habitation. Je fis dételer à l'endroit même où il m'avait rencontré, et, nous rendant ensemble chez lui, j'y fus reçu avec grâce par sa femme et deux jolies demoiselles qui composaient toute sa famille.

Le temps que nous mîmes à visiter son domaine nous conduisit jusqu'à l'heure du dîner, pendant lequel on ne manqua pas de me faire l'éloge du chariot qu'on m'avait vendu. Il fallut essuyer tout au long l'histoire et le récit des bonnes qualités de chacun des individus qui composaient l'attelage. On ne me trompait pas, en effet. J'ai reconnu depuis et je dois convenir, à l'honneur de M. Smit, que ses bœufs ont toujours été les meilleurs de tous ceux que j'ai employés par la suite, et du service le plus sûr; que, dans mes courses extraordinaires et les pas les plus dangereux, son chariot, construit solidement, a résisté jusqu'à la fin.

Malgré les prières de cette bonne famille, qui m'engageait à passer la nuit chez elle, je partis après le dîner. A quelques heures de là, nous traversâmes la rivière le Blot, et tout le canton nommé Ouwe-Hoeck. Je voulais regagner le temps que le dîner m'avait fait perdre; il était onze heures de nuit, lorsque nous nous arrêtâmes à côté d'une petite mare d'eau.

Le soleil était à peine levé que déjà nous étions en route; nous longeâmes, dans la matinée, l'habitation de François Bathenos; il m'envoya un pain que je lui avais fait demander et dont je lui offris en vain le prix; il me faisait prier de descendre chez lui; je m'en dispensai, ne me souciant en aucune manière de passer et de perdre mon temps dans des habitations. Je rencontrais à tout moment, dans cette contrée, des troupes prodigieuses de l'espèce de gazelle que les colons nomment *reebock*, bouc de plage.

La chaleur du midi devenait excessive. Je fus contraint d'arrêter. Tandis que mes gens et mes attelages respiraient un peu, je fis une petite tournée, et parvins à tuer un de ces reebocks. Sa couleur générale est un gris tendre, plus avancé sur le dos que sur les côtés : il a le ventre blanc; ses cornes n'ont guère que cinq à six pouces de longueur.

De retour près de mes gens, nous n'arrêtâmes que le temps qu'il fallait pour manger quelques grillades de ma chasse, et dans l'espace de quatre lieues que nous fîmes encore pour gagner un campement commode, nous eûmes en vue, fort près de nous et de tous côtés, des troupes de gazelles, de bontebock (*antilope scripta* de M. Pallas), de bubales (*antilope bubalis*), d'autres troupeaux encore, tels que zèbres, etc., et plusieurs autruches; la variété et les allures de ces grandes hordes étaient très-amusantes et dignes de fixer l'attention d'un naturaliste. Mes chiens poursuivaient à outrance toutes ces différentes espèces, qui se croisaient en fuyant et se trouvaient pêle-mêle rassemblées en un seul peloton, selon que les chiens donnaient. Cette confusion, pareille aux machines de théâtre, demandait à peine un moment pour se développer; je rappelais mes chiens, et chaque individu regagnait à l'instant sa bande, qui se tenait à une certaine distance des autres. Ce spectacle sera mieux senti si l'on se reporte au mois de mai dans les campagnes de la Hollande; ce ne sont de tous côtés que troupeaux innombrables de bestiaux symétriquement isolés, et ne se confondant jamais.

Sans mes chiens, j'aurais pu tuer, de ma voiture, un bon nombre de ces animaux, tant ils étaient curieux et peu farouches; mais l'approche des chiens les avait tous mis en déroute.

Une curiosité presque familière est assez le caractère de tous les animaux portant cornes, particulièrement des gazelles; il n'y avait que les zèbres et les autruches qui se tinssent à une plus grande distance.

Je me trouvais à quatre à cinq lieues des bains chauds, si visités et si vantés par les habitants du Cap; j'étais empressé de les voir, et craignais en même temps que ma marche n'en fût retardée. Pour retrouver d'un côté ce que j'allais perdre de l'autre, je partis encore de meilleure heure que de coutume, et dès dix heures du matin nous y étions rendus. Cette source minérale d'eau chaude, distante du Cap d'environ trente lieues, est généralement estimée. Le gouvernement y a fait construire, pour les valétudinaires qui vont y prendre des bains, un bâtiment assez spacieux et commode. Le logement n'y coûte rien, à la vérité; mais chacun des malades est obligé de pourvoir à ses besoins : ce qui n'est pas aisé dans un pays peu abondant en ressources.

Il y a dans cette campagne deux bains séparés, l'un pour les noirs, l'autre pour les blancs. C'est encore près de là qu'est située cette montagne appelée la Tour de Babel, dont Kolbe a tant exagéré la hauteur; il s'en faut bien qu'elle approche de celle de la Table. Dans tout cet arrondissement, la compagnie, sous la surveillance d'un caporal, a établi plusieurs dépôts où elle fait engraisser les bestiaux dont elle a besoin pour les fournitures de ses vaisseaux.

Je traversai, le lendemain, la rivière Steenbock, non loin de laquelle est une fort belle habitation appartenant à la veuve Wisel, et, dans l'après-dînée, avant de traverser une seconde rivière appelée Sonder-End, je vis, en passant, le Zicken-Huis; c'est le dépôt, ou plutôt l'hôpital des bœufs malades de la compagnie; ils s'y guérissent quelquefois. Cet établissement a cela d'utile, que ces animaux gâtés ne peuvent communiquer la contagion à ceux qui se portent bien, et dont on les a séparés.

J'avais résolu de marcher dans la nuit; il fallut s'arrêter à neuf heures du soir dans la vallée Spete-Melck; un marais bourbeux nous barrait le chemin; il n'eût pas été prudent de s'y engager pendant l'obscurité.

De très-grand matin, j'aperçus une fort jolie

maison peu éloignée de nous ; c'était un poste de la compagnie, commandé par M. Martines. Je le connaissais pour l'avoir vu quelquefois au Cap chez M. le fiscal ; je l'allai visiter ; il m'engagea, comme font presque tous les colons, à rester quelques jours avec lui. L'impatience où j'étais d'avancer m'avait fait prendre mon parti ; je le refusai opiniâtrément. Vers midi, je passai près d'une petite tribu de Hottentots ; ils me parurent si misérables, que je leur fis quelques présents. Ils n'avaient pas une seule pièce de bétail, et vivaient des travaux de leurs bras sur les habitations du voisinage ; j'invitai plusieurs d'entre eux à me suivre, et leur promis de les bien payer au retour ; ils ne se laissèrent entraîner que lorsque je les eus assurés que je leur donnerais une ration suffisante de tabac pour la route ; alors ils me donnèrent parole pour le lendemain. J'allai passer la nuit au Tiger-Hoek (coin du tigre). J'attendis mes recrues jusqu'à neuf heures du matin : dans le moment où je commençais à ne plus compter sur ces gens, et où je me disposais à continuer mon chemin, je les vis arriver au nombre de trois avec armes et bagages. Ce petit renfort me fit plaisir. Ils se mêlèrent avec les autres, et furent bientôt accoutumés. Je remis mon départ à l'après-midi, et résolus, en attendant, de faire une tournée dans les environs. Un des nouveaux arrivés me demanda la permission de me suivre, en m'assurant qu'il était excellent chasseur : j'avais apporté de l'Europe cette prévention qu'on a toujours contre les gens qui prennent soin de se préconiser eux-mêmes, et je n'avais pas du talent de mon Hottentot une haute opinion ; je lui fis donner un fusil, et nous partîmes ensemble.

Nous eûmes bientôt joint quelques troupes de gazelles; le pays en était couvert; mais elles se tenaient toujours hors de portée. Enfin, après avoir bien couru, mon chasseur, m'arrêtant tout à coup, me dit qu'il aperçoit un blaew-bock (bouc bleu) couché. Je porte les yeux vers l'endroit qu'il m'indique, et ne le vois pas. Il me prie alors de rester tranquille et de ne faire aucun mouvement, m'assurant de me rendre maître de l'animal. Aussitôt il prend un détour, se traînant sur ses genoux; je ne le perdais pas de vue; mais je ne comprenais rien à ce manége nouveau pour moi. L'animal se lève, et broute tranquillement sans s'éloigner de la place. Je le pris d'abord pour un cheval blanc; car, de l'endroit où j'étais resté, il me paraissait entièrement de cette couleur (jusque-là je n'avais point encore vu cette espèce de gazelle) : je fus détrompé lorsque je vis ses cornes. Mon Hottentot se traînait toujours sur le ventre; il s'approcha de si près et si promptement, que mettre l'animal en joue et le tirer fut l'affaire d'un instant; la gazelle tomba du coup. Je ne fis qu'un saut jusque-là, et j'eus le plaisir de contempler à mon aise la plus rare et la plus belle des gazelles d'Afrique. J'assurai mon Hottentot que, de retour au camp, je le récompenserais généreusement. Je l'envoyai aussitôt chercher un cheval pour transporter la chasse. L'intelligence de cet homme, et les divers moyens qu'il avait employés pour surprendre l'animal, me rendaient son service important et précieux; je me proposais bien de me l'attacher par tous les appâts qui séduisent les Hottentots. Je commençai par lui donner une forte provision de tabac, et je joignis à ce présent de l'amadou, un briquet et un de mes meilleurs couteaux. Il se servit de ce dernier outil, et se mit à dépecer l'animal avec la même adresse qu'il l'avait tiré. J'en conservai soigneusement la peau.

La couleur principale de son pelage est un bleu léger, tirant sur le grisâtre. Le ventre et l'intérieur des jambes dans toute leur longueur sont d'un blanc de neige; sa tête surtout est agréablement tachetée de blanc.

Le lendemain, par un temps frais et couvert, nous fîmes une marche de six heures pour arriver sur les bords d'une très-grande mare abondante en petites tortues; nous en pêchâmes une vingtaine. Grillées tout uniment sur le charbon, elles étaient très-bonnes; elles portaient de sept à huit pouces de long sur quatre de large. L'écaille sur le dos était d'un gris blanchâtre tirant un peu sur le jaune. Vivantes, elles avaient une odeur infecte; mais la cuisson la leur faisait perdre.

C'est une chose remarquable que, lorsque les grandes chaleurs viennent tarir les eaux, les tortues, qui cherchent toujours l'humidité, s'enfoncent dans la terre à mesure que sa surface se dessèche; il suffit alors, pour les trouver, de creuser profondément dans l'endroit qui les recèle. Elles demeurent ordinairement comme endormies, et ne s'éveillent et ne se remontrent que lorsque la saison de la pluie a ramené l'eau des mares ou des petits lacs; elles déposent leurs œufs en plein air et sur leurs bords; ils sont de la grosseur de ceux du pigeon. C'est au soleil et à la chaleur qu'elles laissent le soin de les faire éclore; ces œufs sont d'un très-bon goût; le blanc, qui ne durcit jamais par la cuisson, conserve la transparence d'une gelée bleuâtre.

Je ne sais si l'instinct dont je vient de parler est

commun à toutes les espèces de tortues d'eau, et si elles emploient toutes le même moyen ; ce que je puis assurer, c'est que chaque fois que pendant les sécheresses il m'a pris fantaisie de m'en procurer, en creusant dans les endroits où l'eau avait séjourné, je n'ai jamais manqué d'en prendre autant que j'en ai voulu.

Cette espèce de chasse ou de pêche, comme on voudra l'appeler, n'était pas nouvelle pour moi ; je n'avais pas oublié qu'à Surinam on fait usage du même stratagème pour avoir deux espèces de poissons qui se terrent aussi, et qu'on nomme l'un la varappe, l'autre le gorret ou kwikwi.

Nos chariots, placés sur le bord de la mare, effrayèrent une infinité de gazelles qui venaient pour y boire, et les empêchèrent d'approcher.

Les bontebocks surtout y arrivaient par bandes de deux mille au moins ; je suis persuadé que ce jour-là, tant en bubales, gazelles de toute espèce, que zèbres et autruches, j'eus sous les yeux dans le même moment plus de quatre à cinq mille pièces. De tout cela je ne souhaitais qu'une autruche. Il n'y eut nul moyen de me satisfaire, elles ne se laissèrent point approcher ; les autres espèces, quoiqu'un peu effarouchées aussi, se trouvaient de temps en temps à portée du coup ; mais, pour le plaisir seul de les détruire, je ne voulus point les tirer ; nous avions assez de vivres, et ma poudre était d'ailleurs trop précieuse.

Je n'avais plus que deux rivières, la Breede-Rivier (la rivière large), et le Klip-Rivier (rivière des Cailloux), entre Swellendam et moi ; je me faisais une fête de connaître ce chef-lieu de la colonie ; je comptais y demeurer quelques jours ; c'est là que je me proposais de passer en revue tous ces animaux avec autant d'attention que de tranquillité. Nous y arrivâmes, le jour suivant, de fort bonne heure.

De toutes les rivières que nous venions de traverser, les plus considérables sont le Diep-Rivier et le Breede-Rivier. Les autres sont à peine des ruisseaux pendant les chaleurs ; mais, dans la saison pluvieuse, ils se changent bientôt en torrents furieux, qui coupent toute communication avec la ville du Cap.

Je restai plusieurs jours à Swellendam, chez M. Ryneveld, bailli du lieu; il me combla d'honnêtetés. Je trouvais mes deux voitures bien pesantes et trop chargées, je sentais le besoin de m'en procurer une troisième; mon hôte eut la complaisance de me faire construire une charrette à deux roues, et à mon départ il me donna avec profusion des vivres frais pour ma route.

Je recrutai quelques Hottentots de plus ; j'achetai plusieurs bœufs, des chèvres, une vache pour me procurer du lait, et un coq dont je comptais me faire un réveille-matin.

Cet animal, qui couchait sans cesse ou sur ma tente ou sur mon chariot, s'apprivoisa très-vite. Il ne quittait jamais les environs de mon camp ; si le besoin de nourriture le faisait s'écarter un peu, l'approche de la nuit le ramenait toujours. Quelquefois il était poursuivi par de petits quadrupèdes du genre des fouines ou belettes ; je le voyais moitié courant, moitié volant, battre en retraite de notre côté et crier de toute sa force ; alors un de mes gens, ou mes chiens mêmes, ne manquaient pas d'aller bien vite à son secours.

Un animal qui m'a rendu des services plus essentiels, dont la présence utile a suspendu, dissipé même dans mon cœur des souvenirs amers et cruels, dont l'instinct touchant et simple semblait prévenir mes efforts, et vraiment consolait mes ennuis, c'est un singe de l'espèce si commune au Cap sous le nom de bawian; il était très-familier, et s'attacha particulièrement à moi. J'en fis mon dégustateur. Lorsque nous trouvions quelques fruits ou racines inconnus à mes Hottentots, nous n'y touchions jamais que mon cher Keès n'en eût goûté; s'il les rejetait, nous les jugions ou désagréables ou dangereuses, et les abandonnions.

Le singe a cela de particulier, qui le distingue des autres animaux, et le rapproche de l'homme : il a reçu de la nature, en égale portion, la gourmandise et la curiosité; sans appétit, il goûte tout ce qu'on lui présente; sans nécessité, il touche tout ce qu'il trouve à sa portée.

Je chérissais dans Keès une qualité plus précieuse encore : il était mon meilleur surveillant; soit de jour, soit de nuit, le moindre signe de danger le réveillait à l'instant. Par ses cris et ses gestes de frayeur, nous étions toujours avertis de l'approche de l'ennemi avant que mes chiens s'en doutassent; ils s'étaient tellement habitués à sa voix, qu'ils dormaient pleins de confiance, et ne faisaient plus la ronde; j'en étais outré de colère, dans la crainte de ne plus retrouver en eux les secours indispensables sur lesquels j'avais droit de compter, si quelque événement funeste ou si la maladie venait à m'enlever mon fidèle gardien. Mais, lorsqu'il leur avait donné l'alerte, ils s'arrêtaient pour épier le signal. Au mouvement de ses yeux, au moindre branlement de sa tête, je les voyais s'élancer tous ensemble, et détaler toujours du côté vers lequel il portait sa vue.

Souvent je le menais à la chasse avec moi. Que de folies et que de joie au signal du départ! comme il venait baiser tendrement son ami! comme le plaisir brillait dans sa prunelle ardente et mobile! comme il devançait mes pas, plein d'aise et d'impatience, et revenait encore par ses caresses me prouver sa reconnaissance, et m'inviter à ne pas différer plus longtemps! Nous partions; chemin faisant, il s'amusait à grimper sur les arbres pour chercher de la gomme, qu'il aimait beaucoup; quelquefois il me découvrait du miel dans des enfoncements de rocher ou dans des arbres creux; mais s'il ne trouvait rien, alors que la fatigue et l'exercice avaient aiguisé ses dents et que l'appétit commençait à le presser vivement, alors commençait une scène extrêmement comique. Au défaut de gomme et de miel, il cherchait des racines, et les mangeait avec délices, surtout une espèce particulière que malheureusement pour lui j'avais trouvée exquise et très-rafraîchissante, et que je voulais obstinément partager. Keès était rusé. Lorsqu'il avait trouvé de cette racine, si je n'étais pas à portée d'en prendre ma part, il se hâtait de la gruger, les yeux impitoyablement fixés vers moi. Il mesurait le temps qu'il avait pour la manger à lui seul, sur la distance que j'avais à franchir pour le rejoindre, et j'arrivais, en effet, trop tard. Quelquefois cependant, lorsque, trompé dans son calcul, je l'avais atteint plus tôt qu'il ne s'y était attendu, il cherchait vite à me cacher les morceaux; mais, au moyen d'un soufflet bien appliqué, je l'obligeais à me restituer le vol; et, maître à mon tour de la proie enviée, il fallait bien qu'il subît la loi du plus fort.

Pour arracher ces racines, il s'y prenait d'une façon fort ingénieuse, et qui m'amusait beaucoup. Il saisissait la touffe des feuilles entre ses dents, puis, se roidissant sur les mains et portant la tête en arrière, la racine suivait assez ordinairement. Quand ce moyen, pour lequel il employait une grande force, ne pouvait réussir, il reprenait la touffe comme auparavant, et le plus près de terre qu'il le pouvait; alors il faisait une culbute, et la racine cédait toujours à la secousse qu'il lui avait donnée. Dans nos marches, lorsqu'il se trouvait fatigué, il montait sur un de mes chiens, qui avait la complaisance de le porter des heures entières; un seul, plus gros et plus fort que les autres, aurait dû se prêter à cette fantaise; mais le drôle savait à merveille esquiver la corvée. Du moment qu'il sentait Keès sur ses épaules, il restait immobile, laissant défiler la caravane sans bouger de la place : le craintif Keès s'obstinait de son côté; mais, sitôt qu'il commençait à nous perdre de vue, il fallait bien se résoudre à mettre pied à terre; alors le singe et le chien couraient à toutes jambes pour nous rattraper. Le chien le laissait adroitement passer devant lui, et l'observait attentivement, de peur d'être surpris. Au reste, il avait pris sur toute ma meute un ascendant qu'il devait peut-être à la supériorité de son intelligence; car, parmi les animaux comme parmi les hommes, l'adresse impose souvent à la force. Mon Keès ne pouvait souffrir les convives; lorsqu'il mangeait, si l'un de mes chiens l'approchait de trop près, il le régalait d'un soufflet, auquel le poltron ne répondait qu'en s'éloignant au plus vite.

Une singularité que je n'ai jamais pu comprendre, c'est qu'après le serpent l'animal qu'il craignait le plus était son semblable, soit qu'il sentît que son état privé l'eût dépouillé d'une grande partie de ses facultés et que la peur s'emparât de ses sens, soit qu'il fût jaloux et qu'il redoutât toute concurrence à mon amitié. Il m'eût été très-facile d'en prendre de sauvages et de les apprivoiser ; mais je n'y songeais pas. J'avais donné à Keès une place dans mon cœur que nul autre ne devait occuper après lui, et je lui témoignais assez jusqu'à quel point il devait compter sur ma confiance. Il entendait quelquefois ses pareils crier dans les montagnes. Je ne sais pourquoi, avec toutes ses terreurs, il s'avisait de leur répondre ; ils s'approchaient à sa voix, et sitôt qu'il en apercevait un, fuyant alors avec des cris horribles, il venait se réfugier entre nos jambes, implorait la protection de tout le monde, et tremblait de tous ses membres. On avait beaucoup de peine à le calmer ; il ne reprenait que peu à peu sa tranquillité naturelle. Il était sujet au larcin ; c'est un défaut commun à presque tous les animaux domestiques ; mais il se déguisait chez Keès par un talent dont j'admirais moi-même tous les ressorts ingénieux. Quoi qu'il en soit, les corrections que lui administraient mes gens, qui prenaient avec lui la chose au sérieux, ne le changèrent jamais. Il savait parfaitement dénouer les cordons d'un panier pour y prendre les provisions, et surtout le lait, qu'il aimait beaucoup. Il m'a forcé plus d'une fois de m'en passer. Je l'étrillais aussi moi-même. Il se sauvait, et ne reparaissait à la tente qu'à l'entrée de la nuit.

J'ai insisté sur ces détails avec plaisir. S'ils ne sont rien pour le progrès des connaissances humaines, ils sont beaucoup pour mon âme ingénue et simple; ils me rappellent des passe-temps bien doux, des jours sereins et paisibles, et les seuls moments où j'aie connu tout le prix de l'existence.

Tant que dura mon séjour à Swellendam, je répondis aux tendres soins de mon hôte par les témoignages de la plus vive reconnaissance ; mais ce n'était point là le train de vie qui convenait à mon humeur ; et dès que ma charrette à deux roues fut achevée, j'y plaçai ma cuisine et mon office, et délogeai sans délai. Ce fut le 12 janvier 1792. D'après les informations que j'avais prises, je dirigeai ma route en longeant toujours la côte de l'est à une certaine distance de la mer. Les fermes à blé ne s'étendent pas plus loin de ce côté, le prix très-modique de cette denrée n'étant pas même un équivalent aux frais et aux difficultés de son transport à la ville.

A deux lieues de là je passai une petite rivière nommé le Buflas, et après deux jours de marche nous arrivâmes à un bois appelé le bois du Grand-Père. Je m'arrangeai pour passer vingt-quatre heures dans ce bois, que je voulais parcourir. Comme je faisais le dénombrement de mes chiens, je m'aperçus qu'il m'en manquait un : c'était précisément une petite chienne de prédilection, que je nommais Rosette. Son absence m'intrigua ; c'était pour moi une perte réelle, qui diminuait ma meute à propos de rien, et me privait de ma favorite, qui de son côté m'affectionnait beaucoup. Je m'informai de mes gens si quelqu'un l'avait remarquée en route. Un seul m'assura lui avoir donné à manger, mais dès le matin. Après une à deux heures de vaines recherches, j'éparpillai mon monde pour l'appeler de tous côtés; je fis tirer des coups de fusil pour la remettre en voie, s'ils arrivaient jusqu'à elle. Tout cela ne réussissant point, je pris le parti de faire monter à cheval l'un de mes Hottentots, et lui donnai ordre de reprendre le chemin que nous venions de faire, et de la ramener à quelque prix que ce fût. Quatre heures s'étaient écoulées quand nous vîmes arriver mon commissionnaire à toute bride. Il portait devant lui sur l'arçon de la selle une chaise et un grand panier. Rosette courait en avant : elle sauta sur moi et m'accabla de caresses. Mon homme me dit qu'il l'avait trouvée à deux lieues environ de notre halte, assise sur la route, à côté de la chaise et du panier, qui s'étaient détachés de l'équipage sans qu'on s'en fût aperçu. J'avais ouï conter, sur la fidélité des chiens, des traits non moins extraordinaires que celui-ci ; mais je n'en avais pas été le témoin. J'avoue que le récit de mon Hottentot me toucha jusqu'aux larmes ; je caressai de nouveau cette pauvre bête, et cette marque d'attachement qu'elle venait de me donner me la rendit encore plus chère. Elle eût péri de faim sur la place, et serait devenue pendant la nuit la proie du premier animal féroce qui l'aurait rencontrée. Les coups de fusil que j'avais fait tirer pour elle n'ayant fait lever aucune espèce de gibier, et m'étant convaincu moi-même par une visite exacte de la forêt qu'il ne fallait pas espérer d'en trouver, nous délogeâmes dès le lendemain matin. Nous n'avions pas fait quatre lieues, qu'en traversant une petite rivière qui prend sa source dans cette forêt ma voiture à deux roues culbuta. Le reste du jour nous suffit à peine pour repêcher, sécher et remettre en place tous les effets et ustensiles de ma cuisine. Une grande partie de ma porcelaine, fracassée, y resta. J'avais fort heureusement des pièces de rechange. Nous poussâmes jusqu'à trois lieues plus loin. Là je fus arrêté par la rivière le Duyvenochs. Elle n'était point guéable pour le moment. Ce pays est couvert de bois. Je me flattais que j'y trouverais de jolis oiseaux et des insectes; je résolus d'attendre que la rivière fût diminuée. Je fis dresser mes tentes à la lisière du bois, et mes Hottentots s'y construisirent des cabanes.

Quelle fatalité ! les habitants des environs, instruits de mon arrivée, vinrent tous avec empressement me rendre visite et me troubler dans ma charmante retraite. Il me fallut essuyer les longs préambules de leurs reproches obligeants de n'être point descendu chez eux ; et, me fatiguant de leurs offres, qu'ils reproduisaient sous mille et mille formes pour me séduire, ils me citaient avec emphase divers curieux qu'ils avaient eu l'honneur de recevoir, et notamment le docteur Sparmann, académicien suédois. Quelque respectable que me parût cette autorité, je pensai que je ne devais pas quitter mon camp.

J'avais déterminé que, dans le cours de mes voyages, je ne logerais jamais dans aucune habitation, pour être plus libre le jour et la nuit, pour avoir sous ma main mes gens et mes équipages, pour ménager un temps précieux, qu'il faut toujours sacrifier au bavardage et aux récits absurdes de ces colons, qui vous fatiguent avec leurs contes et vous épuisent avec leurs questions, mais surtout pour ménager mon eau-de-vie, avec laquelle j'aurais été contraint d'arroser leurs interminables conversations. Je remerciai donc ces messieurs, qui ne réussirent pas même à m'ébranler, tant ma résolution avait été ferme et irrévocable. Du reste, je suivis le même système dans tout le cours de mon voyage, et je n'acceptai l'hospitalité que quand il me fut impossible de faire autrement.

Voici comment je distribuais l'emploi du temps. La nuit, lorsque nous ne marchions pas, je couchais dans ma tente ou sur mon chariot. Au point du jour, éveillé par mon coq, je me mettais tout de suite en devoir d'apprêter moi-même mon café au lait, tandis que mes gens, de leur côté, s'occupaient à nettoyer et à panser toutes mes bêtes. Au premier rayon de soleil, je prenais mon fusil; nous partions, mon singe et moi; nous furetions à la ronde jusqu'à dix heures. De retour à ma tente, je la trouvais toujours propre et bien balayée. Elle était particulièrement à la garde d'un vieil Africain, nommé Swanepoel; n'étant plus capable de nous suivre dans nos courses à pied, c'est lui qui restait pour garder le camp; il y entretenait le bon ordre. Les meubles de ma tente n'étaient pas nombreux; une chaise ou deux, une table qui servait uniquement à la dissection de mes animaux, et quelques ustensiles nécessaires à leur préparation, en faisaient tout l'ornement. Je m'y mettais donc à l'ouvrage depuis dix heures jusqu'à midi. C'est alors que je classais dans mes tiroirs les insectes que j'avais rapportés; la cérémonie de mon dîner était tout aussi simple. Je plaçais sur mes genoux un bout de planche couvert d'une serviette. On m'y servait un seul plat de viande rôtie ou grillée. Après ce dîner frugal et qui ne durait pas longtemps, je retournais au travail si j'avais à finir quelque ouvrage que j'eusse commencé, puis à la chasse jusqu'au soleil couchant. De retour au gîte, j'allumais une chandelle, et passais quelques heures à consigner dans mon journal les observations, les acquisitions, en un mot, les événements de la journée. Pendant ce temps, mes Hottentots rassemblaient mes bœufs autour des chariots et de ma tente. Les chèvres, après qu'on les avait traites, se couchaient pêle-mêle avec mes chiens. Le service achevé et le grand feu allumé à l'ordinaire, nous nous placions en cercle. Je prenais mon thé; mes gens fumaient leurs pipes, et me contaient des histoires dont le naïf ridicule me faisait rire aux éclats. Je prenais plaisir à les animer. Ils étaient d'autant moins timides avec moi que je montrais plus de franchise, de bonhomie et d'attention. Souvent, à la vérité, plus content de moi-même, plus favorablement disposé à l'aspect d'un beau soir après les fatigues du jour, je me sentais entraîné par un charme involontaire, et cédais doucement à l'illusion. C'est alors que je les voyais disputer entre eux de prétentions à l'esprit pour me plaire ; le plus habile conteur pouvait favorablement se juger au silence profond qui régnait parmi nous. Je ne sais quel attrait puissant me ramène sans cesse à ces paisibles habitudes de mon âme; je me vois encore au milieu de mon camp, entouré de mon monde et de mes animaux ; une plante, une fleur, un éclat de rocher çà et là placés, rien n'échappe à ma mémoire, et ce spectacle, toujours plus touchant, m'amuse et me suit partout.

Quelquefois nos conversations nous conduisaient fort avant dans la nuit. J'avoue que de ces têtes grossières, et que n'avaient point polies de belles éducations, il jaillissait quelquefois des traits de feu dont je me sentais ravi.

Mes animaux étaient si bien habitués à se mêler parmi nous, que souvent j'étais contraint d'en faire lever plusieurs pour arriver jusqu'à ma tente. J'avais quelques moutons que je ménageais comme une ressource contre la disette; mais j'en conservais toujours d'anciens pour habituer les nouveaux venus.

Le canton que nous habitions était rempli de perdrix de trois espèces différentes, l'une entre autres de la grosseur de nos faisans. C'était notre nourriture ordinaire. Nous les mettions par vingtaine dans nos marmites; elles nous donnaient d'excellents consommés et de bons bouillis. Nous trouvions aussi une espèce de gazelle de la grandeur de nos chèvres d'Europe, la peau d'un brun noirâtre et quelques taches blanches sur la cuisse. Je ne connais point de mets plus exquis; j'en tuai plusieurs, ainsi qu'une autre espèce plus petite, dont je donnerai la description par la suite.

Mon séjour dans cet endroit avait considérablement augmenté ma collection en insectes et oiseaux précieux. Un particulier des environs allait faire le voyage du Cap; il vint m'offrir ses services; je les acceptai avec plaisir, et le chargeai de remettre mon petit trésor à M. le fiscal Boers. J'étais convenu avec ce dernier que je lui ferais parvenir toutes mes nouveautés lorsque les occasions s'en présenteraient. Par là je mettais, dès le commencement de mon voyage, beaucoup d'objets rares à l'abri des accidents, et ménageais de la place pour les autres.

Mes voisins me faisaient de temps en temps des envois de légumes ou de fruits, et M. Vanwerck, plus près de mon camp, sachant que je vivais avec plaisir de laitage, m'en envoyait tous les soirs un seau, que je partageais avec mes gens. Keès sentait arriver le porteur de fort loin, et ne manquait jamais d'aller au-devant de lui.

Le 27 du mois, je m'aperçus que la rivière avait baissé de beaucoup; nous la traversâmes, et n'eûmes rien d'avarié; nous en fîmes autant de celle nommée False. Après six heures de marche, et plus loin après sept autres heures nous arrivâmes à la rivière de Gous ou Gourits. Celle-ci nous arrêta; il n'était pas possible de la traverser, elle avait la largeur de la Seine vis-à-vis le jardin des Plantes de Paris. Il fallait que de grands orages eussent inondé le pays d'où elle coulait; car, dans cette saison, elle n'est ordinairement, comme les autres, qu'un ruisseau praticable. Ses bords sont garnis de grands arbres épineux (*mimosa nilotica*), et l'on y trouve beaucoup de perdrix, et notamment la grande espèce que les habitants du Cap ont nommée faisans. Après trois jours de campement, ne voyant point diminuer cette rivière, et toujours impatient de pénétrer plus loin, je ne vis qu'un moyen de nous tirer d'embarras : je pris le parti de faire construire un large radeau; on abattit des arbres, et leurs écorces nous servirent à faire des cordages. Que de peines cette fatale opération nous causa! Il fallut décharger les voitures, les démonter et les embarquer pièce à pièce. Toutes mes bêtes traversèrent à la nage; en plusieurs voyages, mes effets, mon monde et moi, tout gagna la rive opposée sans le plus petit désordre ni le moindre accident. Cette tentative, qui réussit à merveille, me rassura beaucoup sur les suites, et servit encore à réchauffer mon courage. Mais l'opération nous avait coûté trois jours entiers d'un travail opiniâtre ; dès lors plus de chasse ; je donnai l'exemple, et charpentai comme le dernier de mes Hottentots. J'avais jugé cette précaution de s'éloigner bien nécessaire à notre salut commun ; car le rivage que nous venions de quitter était si maigre et si brûlé, qu'un plus long séjour y aurait fait périr de faim tous mes bœufs.

Les voitures remontées et bien chargées, nous continuâmes notre route, et fîmes quatorze lieues en deux jours. Je me trouvai vis-à-vis de Mossel-Baie (baie aux moules) ; c'est celle qui, sur les cartes marines, porte le nom de baie Saint-Blaise; l'atterrage au fond est très-difficile, à cause des rochers escarpés qui la bordent, et dont les bases s'étendent un peu loin dans la mer ; mais son côté nord offre une petite plage où les chaloupes peuvent arriver ; les environs de ce pays sont parsemés de bonnes habitations, qui pourraient être une ressource pour les vaisseaux qui viendraient à y mouiller. Une fontaine salubre, éloignée de la mer d'environ mille pas, leur fournit de l'eau en abondance.

Pendant mon séjour dans cette baie, nous ne manquâmes point d'huîtres ; elle en fournit abondamment ; nous pêchions souvent à la ligne, et ce moyen seul nous procurait beaucoup d'excellents poissons ; je faisais saler ce qu'on ne mangeait pas ; nous entendions toutes les nuits les cris des hyènes ; elles paraissaient furieuses. Nos bœufs en étaient inquiétés ; mais, au moyen de grands feux, dont nous entourions notre camp, elles n'osèrent approcher.

A une lieue de moi, je trouvai un kraal de quatre huttes ; c'était une petite famille hottentote, qui ne passait pas vingt-cinq à trente personnes ; je troquai avec eux quelques bouts de tabac contre des nattes, que j'étais bien aise de me procurer. Je fus enchanté de ma découverte, et pour le profit que j'en tirai, et pour l'agréable surprise qu'elle me causa. Je pris plaisir à les étudier longtemps dans leur paisible ménage. Ils possédaient cinq vaches à lait et un petit troupeau de moutons. Dans la saison des ouvrages, les hommes se répandaient sur les habitations voisines, où par leur travail ils amassaient de quoi se procurer du tabac, et les moyens d'améliorer leur sort. Ils m'assurèrent que dans les grands bois qui couvrent de tous côtés les montagnes de ce pays on rencontrait quelquefois des éléphants et des buffles. Je battis sur-le-champ les montagnes et les forêts; ce fut inutilement; ni mes gens ni moi ne pûmes rien découvrir. Je reconnus bien, à la vérité, quelques empreintes de pieds d'éléphant, mais elles étaient anciennes; d'où j'augurai, ce qu'on m'apprit, en effet, par la suite, que si le hasard amène quelquefois un de ces animaux dans le pays, les habitants alors s'attroupent et l'obligent à gagner le large, lorsqu'ils ne réussissent pas à le tuer.

Le 7, à cinq heures du matin, je quittai la baie Mossel pour traverser à une heure après midi la rivière nommée Klein-Brak; elle prend sa source dans un bois adossé à une chaîne de montagnes qui, dans cet endroit, n'est guère qu'à une lieue de la mer. Le lendemain nous arrivâmes à la grande rivière du même nom, et qui n'est éloignée que de trois lieues; le flux rend cette rivière saumâtre. Pour la traverser sans dommage, nous fûmes obligés d'attendre la marée basse; dans l'intervalle, je me procurai plusieurs oiseaux de mer; ils étaient en abondance dans le canton; j'y trouvai par milliers des pélicans et des phœnicoptères ou flamants. La couleur rose foncée des uns et le blanc mat des autres présentaient à l'œil un mélange tout à fait neuf et curieux.

En quittant la rivière, nous avions à gravir une montagne difficile et fort escarpée; elle m'effrayait un peu. A force de patience, de soins et de temps, nous la laissâmes derrière nous. Nous fûmes bien dédommagés de nos fatigues par le spectacle qui vint frapper nos regards lorsque nous eûmes entièrement gagné son sommet. Nous admirâmes le plus beau pays de l'univers. Nous découvrions dans le lointain la chaîne de montagnes couverte de grands bois qui borde la vue du côté de l'ouest; nous plongions sur une vallée immense, relevée par des collines agréables qui varient à l'infini et moutonnent jusqu'à la mer. Des prairies émaillées et les plus beaux pâturages ajoutaient encore à ce site magnifique. J'étais vraiment en extase. Ce pays porte le nom d'*Auteniqua*, ce qui, dans l'idiome hottentot, signifie homme chargé de miel; en effet, on ne peut y faire un pas sans rencontrer mille essaims d'abeilles; les fleurs naissent par myriades; les parfums mélangés qui s'en échappent et viennent délicieusement frapper l'odorat, leurs couleurs, leur variété, l'air pur et frais qu'on respire, tout vous arrête et suspend vos pas; la nature a fait de ces beaux lieux un séjour féerique. Le calice de presque toutes les fleurs est chargé de sucs exquis, dont les mouches composent leur miel, qu'elles vont déposer partout dans les creux d'arbres et de rochers. Mes gens auraient désiré s'arrêter dans ces beaux lieux. Je craignis pour eux le séjour de Capoue, et, sans perdre de temps, je donnai l'ordre pour continuer la route, et me hâtai vers la rivière Wet-Els. Elle tire son nom des bois qui bordent son cours. Nous n'avions fait alors que sept lieues depuis la grande rivière saumâtre.

Le 9, nous traversâmes encore plusieurs petits ruisseaux, qui, tous descendus des montagnes, se rendent dans l'Océan par cent canaux divers. Toutes les eaux de ces différentes rivières ont la couleur ambrée du vin de Madère. Je leur trouvai un goût ferrugineux. Cette couleur et ce goût leur viennent-ils de leur passage sur quelque mine, ou des racines et des feuilles des arbres qu'elles arrosent et charrient avec elles? je ne me donnai pas le temps d'approfondir ce problème : je touchais au dernier poste de la compagnie. Nous y arrivâmes enfin après trois heures d'une marche un peu vive. J'allais donc me soustraire entièrement à la domination de l'homme, et me rapprocher un peu des conditions de sa primitive origine.

Le sieur Mulder, commandant, vint me recevoir, et me fit beaucoup d'amitiés. Il n'a sous lui qu'un bas officier et une quinzaine d'hommes qui tous ont été ou soldats ou matelots sur les navires de la compagnie. Ce sont ces hommes qui coupent le bois de charpente dont elle a besoin, et qui construisent les chariots destinés à le transporter.

Il me parut très-plaisant de voir des gens qui avaient du bois à leur portée, et savaient l'employer, ne pas se donner la peine de construire pour eux-mêmes des maisons logeables. Ils habitent, en effet, sous de mauvais halliers enduits de terre. Une peau de buffle attachée par les quatre coins à autant de poteaux leur sert de lit; une natte ferme la porte, qui est en même temps la fenêtre; deux ou trois chaises démembrées, quelques bouts de planches, une misérable table, un misérable coffre de deux pieds en carré, forment tout le garde-meuble de ces vraies tanières. C'est ainsi que l'image de la misère profonde constraste désagréablement avec les charmes de ce paradis terrestre; car la beauté des lieux que j'ai crayonnés plus haut se prolonge au delà même d'Auteniqua.

Au surplus, ils vivent fort bien. Ils ont en abondance le gibier et le poisson de mer, et jouissent, exclusivement à tous les autres cantons des colonies, de l'agrément d'avoir toute l'année, sans interruption, des légumes et des plants de toute espèce dans leurs jardins. Ils doivent ces précieux avantages à l'excellence du sol et aux arrosements naturels des petits ruisseaux qui se croisent en mille sens divers, et mettent, pour ainsi dire, à contribution les quatre saisons pour le fertiliser; c'est la Limagne d'Afrique. Ces arrosements, qui ne tarissent jamais, n'ont pas lieu dans ce pays de prédilection sans une cause connue : ce sont les hautes montagnes couvertes de forêts à l'ouest qui arrêtent les nuages et les brouillards que le vent d'est enlève à la mer, ce qui leur procure des pluies très-fréquentes.

Il entra dans mes vues de demeurer quelques jours chez le commandant, et c'est ici la seule fois que je me sois écarté de mon plan. Mais, outre les raisons particulières qui m'attiraient chez lui, des raisons de politique m'y retinrent, et je ne pouvais m'excuser avec décence. On avait envoyé partout l'ordre de me laisser passer, de m'aider, et de me fournir tous les secours dont j'aurais besoin.

M. Mulder, comme occupant le dernier poste, avait reçu de plus vives instances que les autres; je cédai à son désir. Le motif honnête de son procédé m'invitait assez, et peut-être comptait-il lui-même sur le bon témoignage que rendrait de lui ma reconnaissance lorsque je serais de retour au Cap.

Je me mis, dès mon arrivée, selon ma coutume, en devoir de parcourir le terrain. En visitant les bois, je tombai sur des pas de buffles et d'éléphants qui me parurent assez frais. Je vis de leurs fumées; j'aperçus aussi un grand nombre de différents oiseaux que je n'avais point encore rencontrés, entre autres des touracos. Il n'en fallait pas tant pour m'arrêter dans ces environs. A quatre ou cinq lieues de la demeure de M. Mulder, je trouvai, sur la lisière d'une forêt, un endroit tout à fait avantageux et commode pour placer un camp.

M. Mulder se préparait à partir pour le Cap. Il me céda une vingtaine de livres de poudre: je profitai aussi de l'occasion pour écrire à mes amis, et pour envoyer à M. Boers une centaine d'oiseaux avec un coffret d'insectes. J'augmentai mon train de quelques bœufs; j'enrôlai encore trois Hottentots; je fis emplette d'un jeune cheval de course, que je me proposais de dresser moi-même à la chasse; et le 9 février je saluai M. Mulder et Mme la commandante, pour aller prendre possession de ma forêt et m'établir dans l'emplacement que je m'étais choisi.

J'avais d'avance envoyé de mes gens pour préparer les lieux, abattre quelques arbres et nettoyer la place des broussailles qui la couvraient, afin d'être en état, à mon arrivée, de dresser sur-le-champ mes tentes, ce que j'exécutai dans un moment. Ma cuisine fut établie sous un gros arbre qui semblait avoir vieilli là tout exprès, et mes Hottentots, de leur côté, s'arrangèrent de leur mieux et se bâtirent des cabanes. Nous avions, à dix pas de nous, un petit ruisseau très-limpide, et, vis-à-vis, un charmant coteau couvert d'excellentes herbes pour nos chevaux et nos bœufs; par ce moyen nous les tenions à notre portée. Tant de facilités réunies rendaient cette halte agréable; malheureusement nous fûmes obligés de nous transplanter plusieurs fois, attendu que le gibier de toute espèce, effarouché par nos chasses, commençait à devenir rare et se retirait tout à fait.

J'étais quelquefois visité par les habitants du district; ce qui me donnait la facilité de faire provision chez eux de fruits, de légumes, de lait, et de toutes les choses qu'ils pouvaient me fournir. A la vérité, leurs visites me coûtèrent quelques chopines d'eau-de-vie; mais comme je déteste cette liqueur malfaisante, et que je n'en buvais jamais, cette réserve les retint un peu, et les plaies qu'ils firent à mes tonneaux ne furent pas meurtrières.

Je m'étais assuré par moi-même que le bois contre lequel j'avais appuyé mon camp me fournirait des touracos. Je ne connaissais point cet oiseau, et ne l'avais jamais vu; je me mis en quête, j'en découvris quelques-uns. Je marchai longtemps à leur poursuite, mais vainement; cet oiseau, qui se perche toujours à l'extrémité des plus hautes branches, ne se trouvait jamais à la portée de mon fusil; une après-dînée cependant j'en poursuivis un avec plus d'acharnement. Sautillant de branche en branche et s'éloignant fort peu, il se moqua de moi pendant plus d'une heure, et me conduisit fort loin. Impatienté de son manége et ne pouvant réussir à l'approcher, je lui lâchai mon coup hors de portée; j'eus la satisfaction de le voir tomber. Ma joie fut inexprimable ; mais le plus fort n'était pas fait; il me fallait m'emparer de ma proie. J'avais bien remarqué l'endroit de sa chute; je courus à travers les broussailles et les épines pour le ramasser. Mes jambes et mes mains étaient déchirées et tout en sang. Arrivé sur la place, je ne vis rien; j'eus beau fureter tour à tour dans les environs, aller, revenir, battre vingt fois les mêmes endroits, examiner scrupuleusement les moindres trous, les enfoncements les plus cachés, mes peines furent inutiles, je ne trouvais point mon touraco; toutes mes recherches, toutes mes réflexions me conduisirent à penser que je n'avais fait peut-être que lui casser une aile, ce qui ne l'avait pas empêché de s'éloigner de l'endroit de sa chute. Je m'éloignai donc aussi, et me mis à rôder de nouveau dans tous les environs pendant plus d'une demi-heure. Point de touraco. J'étais au désespoir; les broussailles épaisses et les buissons d'épines qui m'ensanglantaient jusqu'au visage m'avaient agité de transports difficiles à décrire. Pour assouvir ma colère, je sens qu'il ne m'eût pas fallu, dans un pareil moment, moins qu'un lion ou quelque tigre à poursuivre. Un chétif oiseau qu'après tant de peines et de désirs je venais enfin d'abattre, échapper et disparaître ainsi à mes yeux! je frappais la terre de mes pieds et de mon fusil. Tout à coup la terre s'enfonce, je disparais moi-même et tombe avec mes armes dans une fosse de douze pieds de profondeur. L'étonnement et la douleur de la chute prirent la place de mes emportements. Je me vis au fond d'un de ces piéges recouverts que les Hottentots tendent aux bêtes féroces et particulièrement aux éléphants. Revenu à moi, je songeai aux moyens de me tirer d'embarras, trop heureux de ne m'être point empalé sur le pieu très-aigu qu'ils plantent au fond du trou, plus heureux encore de n'y avoir point trouvé compagnie. Mais il pouvait à tous moments en arriver, surtout si j'étais contraint d'y passer la nuit. Son approche commençait à m'inspirer beaucoup de terreur, en contrariant et retardant la seule ressource que j'imaginais pour me sauver du puits fatal sans secours étrangers : c'était d'ébouler la terre à l'un des côtés avec mon sabre et mes mains, et d'y faire des espèces de degrés ; mais cette opération pouvait traîner en longueur. Dans la cruelle perplexité où j'étais, je pris le parti plus sage de ramasser et de charger mon fusil. Je tirai coup sur coup : il était possible que je fusse entendu de mon camp ; je prêtais de temps en temps l'oreille avec une impatience et des palpitations mortelles : j'entendis enfin deux coups qui me causèrent la joie la plus vive. Alors je continuai mon feu par intervalle pour attirer à moi ceux qui m'avaient répondu ; ils arrivèrent tous armés jusqu'aux dents et pleins d'inquiétude et de trouble. Ils m'avaient cru poursuivi par quelque bête féroce : ils me virent, au contraire, dans la plus piteuse situation, et pris sottement comme un renard. L'alarme fut bientôt dissipée. On coupa sur-le-champ une longue perche qu'on me descendit, et au moyen de laquelle je me hissai comme je pus et regagnai le bord. Ce petit accident ne me fit pas oublier mon touraco. Avec mes chiens qui avaient suivi la bande, je comptais bien le déterrer, en quelque lieu qu'il se fût caché. Je les conduisis sur la voie ; ils le trouvèrent blotti sous une touffe de broussailles ; je mis la main dessus, et le plaisir de posséder ce charmant petit animal me fit bientôt oublier ce qu'il m'avait coûté d'embarras et de dangers.

Je m'en suis procuré par la suite autant que j'en ai voulu; je les prenais même tout vivants, parce qu'ayant remarqué dans le jabot de celui-ci l'espèce de fruit dont il se nourrit plus particulièrement, c'était toujours aux arbres qui produisent ces fruits que je m'adressais, soit que je voulusse les tirer, soit que je me contentasse de leur tendre des piéges.

Cet oiseau, agréable autant par sa forme que par ses couleurs et ses accents bien prononcés, réunit la souplesse à l'élégance; tous ses mouvements sont souples, ses attitudes pleines de grâce. Sa couleur est d'un beau vert pré; une belle huppe de la même couleur, bordée de blanc, orne sa tête; ses yeux, d'un rouge vif, sont couronnés par un sourcil d'une blancheur éclatante; ses ailes sont du plus beau pourpre changeant en violet, suivant les attitudes qu'il prend ou le point de vue sous lequel on l'admire.

Dans les intervalles où tantôt de fortes pluies, tantôt de trop grandes chaleurs semblaient me forcer au désœuvrement (ce qui pourtant était fort rare), je ne restais pas pour cela dans l'inaction; je m'occupais dans ma tente à faire des trébuchets pour prendre vivants des animaux de toute espèce. Mais on ne croira pas qu'avec mon fusil même j'aie imaginé de m'en procurer de plus entiers et de mieux ménagés que ceux que j'attrapais avec mes piéges; c'est néanmoins de cette façon que je faisais la chasse aux oiseaux les plus petits et les plus délicats.

Il est bon que tout naturaliste qui travaille lui-même sa collection soit instruit du moyen que j'avais *inventé*. Cette expression n'est point hasardée; cette idée est neuve absolument, et jusqu'à ce jour je n'ai ouï dire à personne qu'un autre que moi en ait fait usage.

Voici quel était mon procédé. Je mettais dans mon fusil la mesure de poudre plus ou moins forte, suivant les circonstances; immédiatement sur la poudre, je coulais un petit bout de chandelle, épais d'environ un demi-pouce; je l'assurais avec la baguette, ensuite je remplissais d'eau le canon jusqu'à la bouche; par ce moyen, à la distance requise, je ne faisais, en tirant l'oiseau, que l'étourdir, l'arroser et lui mouiller les plumes; je le ramassais aussitôt, et il n'avait pas, comme dans un piége, le temps de se débattre et de se gâter; l'eau, poussée par la poudre, allait au but, et le morceau de suif, n'ayant pas la pesanteur de l'eau, restait en route. Il est bien arrivé, dans mes premières expériences, qu'ayant quelquefois tiré de trop près, ou mis trop de poudre, ou le morceau de chandelle trop épais, je le trouvais tout entier dans le ventre de l'animal que je venais de tirer; mais après un court apprentissage je ne m'y suis pas laissé prendre, et je n'ai jamais manqué mon coup. J'ai souvent laissé, du matin jusqu'au soir, mon fusil ainsi chargé; je ne m'apercevais point que la poudre en fût altérée, et le coup n'en partait pas moins bien. On devine assez que, de cette manière, je ne tirais jamais horizontalement.

Depuis mon retour en Europe, je me trouvai un jour à la campagne chez un ami. On parla, devant quelques personnes qui m'étaient inconnues, du moyen que j'avais employé et que je viens de décrire. Une d'elles, qui n'osait m'avouer en face son incrédulité, soutenait, vis-à-vis des autres, par de très-clairs arguments, que l'assertion était tout au moins exagérée. Tandis qu'ils se disputaient, je disparus, sans que la compagnie le remarquât; et, après avoir préparé un fusil suivant ma manière, je revins par le jardin à la fenêtre où ces messieurs continuaient leur dispute; et, leur montrant du doigt un petit oiseau perché tout près de là, je l'ajustai, il tomba. Je le saisis sur-le-champ, et le livrant plein de vie aux mains de mon discoureur, je fis cesser ses beaux raisonnements.

Vers la fin du mois, nous fûmes contrariés par de nouvelles pluies; elles durèrent longtemps et presque sans relâche. Ces orages se succédaient avec rapidité; le tonnerre tomba plusieurs fois près de nous dans la forêt; l'eau nous gagnait insensiblement de toutes parts. Pour comble de désagrément, dans une nuit, notre camp fut entièrement submergé; nous quittâmes aussitôt le bois pour aller nous établir plus haut en rase campagne. Je voyais avec le plus amer chagrin qu'il n'était pas possible de sortir de l'endroit où nous nous trouvions circonscrits : ces petits ruisseaux, qui auparavant nous avaient paru si agréables et si riants, s'étaient changés en torrents furieux qui charriaient les sables, les arbres, les éclats de rochers; je sentais qu'à moins de s'exposer aux plus grands dangers il était impossible de les traverser; d'un autre côté, mes bœufs, harassés, transis, avaient déserté mon camp; je ne savais par où ni comment envoyer après eux pour les rattraper; ma situation n'était assurément point amusante; je passais de tristes moments. Déjà mes pauvres Hottentots, fatigués et malades, commençaient à murmurer : plus de vivres, plus de gibier ; ce que nous en tuions suffisait à peine à notre subsistance, parce que, resserrés par le torrent qui grossissait chaque jour davantage, nous n'avions pas même la ressource de nos voisins pour en obtenir quelque assistance. Quelle position affligeante ! On eût dit qu'un déluge universel allait inonder l'Afrique.

Je renfermais au dedans de moi une partie de mes alarmes ; je voyais mes tristes compagnons promener leurs regards inquiets, et m'attester par leur silence tout ce qu'ils éprouvaient de craintes pour eux-mêmes. Jamais spectacle ne vint s'offrir sous des couleurs plus sombres : en un moment, nos charmantes promenades ravagées, dévastées par les eaux ; ces jardins délicieux et riants changés en un désert inhabitable et noir ! Dans cette détresse, je rassemblai toutes mes forces, et conjurai mes amis de chercher au moins nos bœufs dispersés et perdus, et de se déterminer à traverser l'un des torrents, au risque de tout ce qui pourrait en arriver. Par la plus étrange bizarrerie du sort, l'événement fatal qui nous menaçait d'une perte prochaine causa une partie de notre salut. L'un de mes Hottentots, en cherchant un passage, aperçut au milieu des eaux un buffle qui s'était probablement noyé la veille, car il était encore assez frais. Il vint, avec des cris de joie, nous apporter cette heureuse nouvelle. Rien n'arrivait plus à propos. Nous tirâmes, non sans quelque péril, l'animal à bord ; il fut dépecé sur la place. On enleva les parties les plus saines ; mes chiens, qui jeûnaient depuis longtemps, trouvèrent dans celles que nous leur abandonnâmes de quoi se refaire et se ravitailler un peu. Nous les voyions revenir de la curée avec des ventres qu'ils avaient peine à porter.

Rien n'est durable ; il est un terme au malheur comme à la félicité : la fin de mars amena du changement dans la saison ; les pluies devinrent moins fréquentes ; les torrents baissèrent. Je fis partir quatre Hottentots pour aller à la découverte de mes bœufs ; après quelques jours d'absence, ils me les ramenèrent presque tous. Les uns avaient gagné pays, étaient retournés sur nos pas, avaient même repassé la grande rivière saumâtre ; les autres s'étaient réfugiés dans différentes habitations ; d'autres enfin s'étaient abrités comme ils avaient pu. Il en manquait quatre, que mes gens n'avaient point retrouvés et dont je n'ai jamais ouï parler depuis. Sans délai je me mis en devoir de quitter cette terre ingrate et de lever le camp, pour aller le placer à trois lieues plus loin, sur une colline nommée Pampoen-Kraal. Je profitai de deux jours de beau temps pour sécher tous mes effets, dont une grande partie était moisie et presque pourrie ; la peau du buffle que nous avions écorché nous servit à remplacer les traits des chariots et des attelages, que l'humidité avait mis hors de service.

Au milieu de ces pluies continuelles et de mes ennuis mortels, j'étais capable encore de quelques efforts ; j'avais trouvé dans le bois un vieil arbre mort, dont le tronc était creux. C'est là que je passais, avec mon fusil, presque toutes mes journées à guetter les petits oiseaux et le gibier qui se présentaient. J'y étais du moins à l'abri de la pluie, et je m'y nourrissais d'espérance. De cette niche sacrée j'abattais impitoyablement tout ce qui se montrait devant moi. Ainsi l'étude de la nature l'emportait sur les premiers besoins. Dévoré sans cesse du désir impérieux de lui dérober ses trésors, je mourais de faim, et songeais à des collections. Malgré tant de contrariétés, je vis mes richesses s'accroître peu à peu; j'avais un petit amas d'objets rares et nouveaux pour l'Europe, je leur fis prendre l'air. J'en avais eu tant de soin, qu'ils n'avaient point été endommagés, comme tous mes autres effets, par l'humidité. Nous ne trouvâmes dans ce bois, en menu gibier, que la gazelle bosbeck et une autre espèce plus petite, dont j'ai parlé au passage du Duiven-Ochs. La plaine, outre les trois espèces de perdrix que j'ai fait connaître plus haut, en offrait une quatrième, nommée faisan rouge, parce qu'elle a les pieds et la peau nue de la gorge de cette couleur; en bêtes carnassières, il y avait des hyènes, quelques tigres, mais pas un seul lion.

Le ciel s'épurait de plus en plus, et semblait nous présager une vie aussi douce qu'elle avait été triste et cruelle. La colline de Pampoen-Kraal, où je venais de placer mon camp, me plaisait beaucoup. J'avais non loin de ma tente une petite éminence couronnée par un buisson de trente à trente-cinq pieds de diamètre. Les arbres et les arbustes dont il était formé avaient, en croissant, tellement entrelacé leurs branches, que le tout ne paraissait offrir qu'un seul corps bien épais et bien garni. J'imaginai de m'en faire un petit palais. Je fis tracer une route jusqu'au centre. On élagua de côté et d'autre, à hauteur d'homme, suffisamment pour donner un passage facile; dans le milieu de ce fourré, à force de travail et de haches, nous parvînmes à tailler deux charmantes pièces d'un carré parfait. Je fis placer dans l'une ma table avec une chaise, c'était mon cabinet de travail ; j'ornai la seconde des ustensiles de ma cuisine, ce qui n'empêcha pas qu'elle ne me servît en même temps de salle à manger. Ces deux pièces, naturellement plafonnées par des branches et des feuillages d'une épaisseur impénétrable, étaient pour moi un abri charmant, d'une fraîcheur délicieuse, lorsque, tout harassé, couvert de sueur et de poussière après ma chasse du matin, j'y venais me dérober à la chaleur du jour et aux atteintes dévorantes du soleil. Quand la fatigue avait aiguisé mon appétit, quels repas exquis ! Quand la rêverie s'emparait de mes sens, quelles tendres méditations ! Quand le sommeil venait m'y surprendre, quel repos voluptueux et doux ! Grottes somptueuses de nos financiers, jardins anglais bouleversés vingt fois avec l'or du citoyen, pourquoi vos ruisseaux, vos cascades et vos montagnes, et vos jolis chemins tortueux, et vos ponts détruits, et vos ruines, et vos marbres, et toutes vos belles inventions, viennent-ils flétrir l'âme et fatiguer les yeux quand on a connu la salle verte et toute naturelle de Pampoen-Kraal ?

Quoi qu'il dût m'en coûter d'abandonner cette aimable solitude, il fallut cependant s'y résoudre. Je me mis un jour à parcourir tous les environs, afin de reconnaître quelle route je pourrais tenir, qui fût du moins praticable et sûre. Je trouvai à une lieue de distance de mon camp un torrent très-rapide, qu'on a nommé le *trou du Caïman*, je ne sais pourquoi ; car dans tout ce pays je n'ai jamais aperçu ni caïman ni crocodile. Ce torrent filait entre deux montagnes peu hautes, mais excessivement escarpées ; à ma droite, j'avais la mer à mille pas environ ; sur la gauche, des montagnes et des bois impraticables pour mes voitures et mes bestiaux ; il ne me restait donc d'autres ressources pour passer que le trou dangereux du Caïman. J'en étais fort inquiet, chagrin même. Qu'on se peigne ma position : à chaque pas être ainsi arrêté, et voir sans cesse naître un obstacle d'un obstacle vaincu ! et pourtant je sentais le besoin de pénétrer plus avant. Le torrent me parut trop enflé, trop rapide, pour entreprendre de le traverser ; je craignais surtout pour mes bœufs ; les radeaux ne m'offraient tout au plus qu'un moyen de voiturer mes effets : je fus donc forcé de prendre patience et d'attendre.

Le 18 avril, je reçus un exprès de M. Mulder ; il était de retour du Cap, et m'envoyait des lettres qu'il avait rapportées : c'étaient des réponses à celles dont je l'avais chargé dans les premiers jours de février. Mes amis s'inquiétaient beaucoup de mon sort et m'engageaient à revenir ; d'autres m'invitaient à la persévérance, et, paisibles au sein de leurs foyers, s'embarrassaient peu des obstacles, pourvu que mon voyage servît aux progrès des connaissances humaines, ou, sans aller si loin, leur fournît, dans des fables contées à leur manière, quelque aliment à leur curiosité. Je trouvai l'intérêt de chacun à sa place, et suivis toujours mon plan. Il est aisé de voir combien la mauvaise saison avait retardé ma marche, puisque j'avais fait à peine huit lieues, que le commandant, M. Mulder, avait eu le temps d'aller au Cap et de revenir ; il m'écrivait lui-même une lettre par laquelle il me proposait un rendez-vous de pêche à la mer, si cela ne me dérangeait pas ; il devait apporter des filets et tout ce qui serait nécessaire pour passer ensemble une huitaine de jours sur le rivage; il m'annonçait que sa femme embellirait cette petite fête.

Cette nouvelle me fit plaisir; je les vis, en effet, l'un et l'autre suivre de près le messager. M. Mulder avait encore amené avec lui le second commandant. On eût dit un voyage de patriarches. Celui-ci portait sur ses pistolets, à l'arçon de sa selle, un petit enfant de quatre mois, allaité par sa femme. Ils étaient tous quatre à cheval. Son chariot avec ses filets et ses équipages était allé nous attendre au bord de la mer; j'en fis atteler un des miens. On y chargea ma tente, une ou deux futailles vides, et tout ce que je prévis qui nous serait utile pour la pêche miraculeuse. Rendus au rivage, après quelques compliments et les petites cérémonies d'usage, nous jetâmes plusieurs fois les filets; mais ce fut toujours inutilement : nous ne prenions presque rien; ce métier n'amusait personne. On résolut d'aller plus loin, sur un petit lac formé par la marée haute, où l'on espérait plus de bonheur, et l'on se mit en marche. J'étais beaucoup moins curieux de poissons que d'oiseaux, et me serais bientôt lassé de la pêche, si les bonnes façons de mes amis et la gaieté franche et naïve des femmes ne m'avaient un peu retenu. Cependant je rôdais à pied de côté et d'autre, fouillant de tous mes yeux et l'air, et les chemins, et les arbres.

Nous arrivâmes sur les bords du lac; je cherchai un endroit commode pour y placer nos tentes : une alerte, à laquelle nous n'avions garde de nous attendre, eut bientôt dérangé tout ce ménage grotesque. En traversant une prairie de roseaux fort élevés et fort épais, les travailleurs tombèrent tout d'un coup sur un buffle qui s'était couché là. Ils en étaient si près, que l'animal, aussi furieux qu'eux de cette apparition subite, renversa en se retirant le cheval du second commandant et celui de sa femme. L'alarme devint générale; chacun gagnait au large et fuyait à toutes jambes. Les gens de M. Mulder, peu familiarisés avec les buffles, se trouvant plus près de l'eau, s'y plongèrent jusqu'au cou. Les miens, mieux aguerris, faisaient bonne contenance; mais l'animal, à l'aspect de tant de monde, effarouché de toutes parts, ne savait lui-même comment fuir, et restait immobile, retranché contre une roche énorme. J'accourus à tout ce vacarme; malheureusement je n'étais armé que de mon fusil à deux coups. Il n'était pas à présumer qu'une balle ordinaire pût tuer un buffle; j'osai cependant l'approcher et le tirer. A ce premier coup, il quitte la place, et, furieux, il vient droit à moi; une seconde balle le frappe aussitôt et l'intimide; il rebrousse chemin, et, passant à côté d'un bœuf qui portait notre cuisine, il décharge toute sa colère sur ce paisible animal, l'atteint au ventre de deux coups de corne et disparaît.

Il n'y eut pas moyen de faire rester plus longtemps la compagnie dans cet endroit. Les maris craignaient beaucoup pour leurs femmes; à leur air pétrifié je jugeais assez qu'ils entraient pour quelque chose dans ces tendres alarmes; je leur conseillai de retourner à notre première pêcherie, sur le bord de la mer. La fortune avait changé : nous eûmes la satisfaction de prendre une si grande quantité de poissons, que j'en fis saler et remplir mes futailles. M. Mulder imita mon exemple; cette pêche, qui dura trois jours entiers, et les occupations qu'elle nous donnait, nous amusèrent, en effet, beaucoup plus que je ne m'y étais attendu. Je faisais bien, à la vérité, de temps en temps quelques absences, et je tuais quelques oiseaux rares ; mais je n'eus pas occasion d'avoir à lutter contre un second buffle. Nos salaisons achevées, nous partageâmes les provisions, et l'on se sépara. Je ne quittai point sans regret ces honnêtes colons ; ils avaient apporté dans cette jolie fête une humeur si simple, si naïve et si douce ! Je suivis de l'œil leur petite caravane, et ne partis qu'après l'avoir tout à fait perdue de vue.

De retour à mon camp, je trouvai tout en ordre, mes bêtes soignées et mes gens à leur devoir. Je leur en témoignai ma satisfaction.

J'avais remis à M. Mulder tous les animaux apprêtés depuis mon dernier envoi, ainsi que les *touracos* vivants que j'avais pris au piége ; il me promit de les faire passer à M. Boers, au Cap. Il eut aussi la complaisance de me céder un de ses filets, et m'envoya une paire de roues que je lui avais demandées. Ma charrette était fort incommode, et menaçait toujours de verser ; je résolus de l'asseoir comme les deux autres. C'était un ouvrage pressant ; on s'en occupa sur-le-champ ; chacun mit la main à l'œuvre. Le bois nécessaire pour cette opération fut bientôt façonné ; en moins de quinze jours notre charrette, transformée en chariot, joua sur quatre roues. Ce chariot n'était pas de main de maître ; mais il servit tout autant ; au reste la quinzaine ne fut pas uniquement employée à sa construction. Lorsque je m'aperçus qu'il allait son train et que mes charrons en viendraient à leur honneur, je détachai une partie de mon monde, et l'envoyai réparer, près du torrent que nous étions sur le point de traverser, les chemins et les ravines que les eaux avaient dégradés. J'avais fait porter des pierres et de grosses branches d'arbres pour combler les fondrières, qui, sans cette précaution, auraient déboîté, peut-être même rompu mes voitures ; lorsqu'à force de corvées pénibles nous fûmes parvenus à adoucir le passage, le 30 avril, je fis défiler devant moi ma caravane ; et jetant un dernier coup d'œil sur le délicieux ermitage de Pampoen-Kraal, je le quittai avec le plus grand regret. Depuis j'ai demandé plus d'une fois des nouvelles de ce charmant asile, et j'ai eu la satisfaction d'apprendre que non-seulement il avait été respecté, mais que les Hottentots lui avaient donné mon nom.

Malgré toutes mes précautions, nous eûmes beaucoup de peine au trou du Caïman, ainsi qu'à la rivière que les Hottentots nomment en leur langue Kraked-Kau, ce qui signifie le *gué des Filles;* ce pays était autrefois habité par des Hottentots qui sont actuellement anéantis ou dispersés de côté et d'autre. Les grandes fosses qu'on rencontre de distance en distance annoncent qu'ils étaient chasseurs, et qu'ils attrapaient dans leurs piéges des buffles et des éléphants qu'on ne voit plus, ou que très-rarement, dans ce quartier.

Après huit heures de marche, nous arrivâmes près de la Swarte-Rivier (rivière noire) ; elle était encore débordée par les pluies, et nous fûmes obligés de la passer sur des radeaux que nous construisîmes à l'instar de ceux que nous avions précédemment faits. Des traces de buffles toutes fraîches nous firent séjourner à l'autre bord, et j'eus enfin le plaisir d'en tuer un ; le Hottentot que j'avais mené avec moi en tua un autre. Je revins vite au camp annoncer cette bonne nouvelle, qui promettait à mes gens des vivres pour longtemps en cas de détresse. Comme nous avions tué ces deux animaux sur le bord de la rivière au-dessus de l'endroit où je venais de m'établir, je les fis pousser au courant, qui les amena devant ma tente, et là ils furent aussitôt dépecés. Je voulus qu'on les coupât par tranches fort minces, pour être plus aisément saupoudrées de sel et exposées ensuite à l'air et au soleil. Les buissons, les branches, les chariots, tout ce qui nous environnait fut chargé des débris sanglants de nos buffles; mais tout à coup, au milieu de notre opération et sans nous y être attendus, nous nous vîmes assaillis par des volées de milans, de vautours, de toutes sortes d'oiseaux de proie qui vinrent impudemment se mêler parmi nous. Les milans surtout étaient très-effrontés. Ils arrachaient les morceaux et les disputaient avec acharnement à mes gens; emportant chacun une pièce assez forte, ils s'en allaient, à dix pas de nous, sur une branche, la dévorer à nos yeux. Les coups de fusil ne les épouvantaient guère; ils revenaient sans cesse à la charge, de telle sorte que, m'apercevant que je brûlais ma poudre fort inutilement, nous prîmes le parti de les écarter avec de grandes gaules jusqu'à ce que notre viande fût séchée. Cette manœuvre, qui impatienta mon monde fort longtemps, n'empêcha point que nous ne fussions encore bien maraudés; mais sans elle il ne nous serait probablement rien resté de nos deux buffles.

J'en avais fait fumer les langues. Dans la suite je n'ai jamais oublié de prendre cette précaution pour celle de tous les animaux que j'ai tués; c'était une douceur, une petite ressource pour moi dans la disette, ou même lorsque, par sensualité, pour réveiller mon appétit, j'en faisais ajouter un plat à mon mince ordinaire. Il n'y a que les langues d'éléphants que je n'ai jamais voulu conserver; leur goût, leur forme même m'a toujours causé une répugnance dont je ne puis me rendre maître, quoiqu'il me fût difficile d'en donner la raison.

Nos provisions achevées et bien emballées, nous abandonnâmes la rivière Noire; et, après avoir traversé le Goucom, à deux lieues de là, nous gagnâmes deux lieues encore plus loin la Nysena. Celle-ci était considérable, et la marée l'enflait encore. Je n'avais jusque-là trouvé nulle part un endroit plus agréable pour asseoir un camp. C'était une prairie très-riante d'environ mille pas en carré; une forêt de grands arbres formait au sud un magnifique rideau qui s'étendait en retour jusqu'à l'ouest. J'avais au nord, devant moi, la rivière, qui paraissait fort poissonneuse; une grande variété de menu gibier se promenait sur ses bords. Tant d'avantages m'auraient presque fait oublier Pampoen-Kraal. Cependant je ne fus pas tenté de m'arrêter. Une inquiétude secrète m'agitait; je voyais à l'autre bord de la rivière une montagne difficile qu'il nous fallait nécessairement franchir. Elle était escarpée de façon à me faire craindre qu'il ne m'arrivât quelque accident; un pressentiment intérieur semblait me l'annoncer. Je faillis, en effet, perdre dans un moment tout le fruit de mes peines et de mes incroyables fatigues. J'avais eu la sage précaution de ne conduire mes chariots que l'un après l'autre; et, quand j'aurais voulu les faire monter ensemble, je n'aurais point eu assez de bœufs pour cette opération. J'en fis atteler vingt au chariot-maître, celui qui portait, comme on l'a vu plus haut, toute mon artillerie et mes seules richesses. Mes bœufs le traînent; ils montent, grimpent avec effort; ils touchent presque au sommet...; la chaîne qui retenait les dix-huit premiers se rompt d'un seul coup, et la voiture roule jusqu'au pied de la montagne, entraînant avec elle les deux bœuf attachés au timon. De la hauteur où nous étions, mes conducteurs et moi, nous la suivions des yeux, anéantis de peur, avec d'horribles palpitations; vingt fois nous la vîmes près de culbuter dans le précipice qui bordait le chemin. Ce malheur serait infailliblement arrivé sans la force plus que naturelle des énormes bœufs du timon, que rien ne put abattre. Cette infortune eût fini tout d'un coup mon voyage. La voiture et mes effets les plus précieux eussent été mis en pièces; ma poudre, mon plomb, mes armes dispersés, j'étais perdu sans ressource. Elle s'arrêta contre un rocher sur les bords du torrent. Nous descendîmes en poussant des cris de joie. Après avoir ramassé nos effets et rétabli chaque chose à sa place, nous attelâmes de nouveau cette fatale voiture, qui regagna sans péril en une heure ce qu'elle avait perdu en dix minutes. Les autres, un peu moins pesantes, arrivèrent à bon port. J'en avais fait doubler les traits; quatre hommes escortaient les roues, tout prêts à enrayer au moindre choc; ce qui ne nous aurait pas sauvés de la chute, tant la route était escarpée; mais ce qui eût un peu diminué la rapidité, et nous eût donné le temps de la diriger de notre mieux pour éviter l'affreux précipice.

La frayeur est une loupe qui grossit les objets;

elle m'avait annoncé quelque chose de plus sinistre. J'essaierais en vain de peindre ma contenance et toutes les agitations de mon esprit dans ce moment terrible. Je suivais involontairement tous les mouvements du chariot, et semblais le redresser par ceux de mon corps et les gestes de mes bras. Chaque secousse retentissait jusqu'au fond de mon cœur. J'eusse été, nouvel Hippolyte, entraîné dans les précipices, que la terreur n'eût pas plus profondément agité mes sens. Je trouvais que nous nous tirions d'affaire à bon marché. Non-seulement je ne vis au chariot aucune fracture essentielle, mais il n'y avait dans l'intérieur aucun déplacement considérable occasionné par les secousses ; mes bœufs, entraînés par le recul d'une voiture de quatre à cinq mille pesant, qui auraient dû être hachés en morceaux avant d'arriver au pied de la montagne, en furent quittes pour quelques plaies peu dangereuses et qui ne les empêchèrent pas de continuer leur travail. Il faut convenir qu'au temps perdu près, le mal n'avait pas été bien grand, quoique nous eussions eu lieu de frémir pour les suites.

A mesure que je m'éloignais des collines et m'avançais dans les terres, tout prenait à mes regards une teinte nouvelle. Les campagnes étaient plus magnifiques ; le sol me semblait plus fécond et plus riche, la nature plus majestueuse et plus fière : la hauteur des monts offrait de toutes parts des sites et des points de vue charmants que je n'avais jamais rencontrés. Ce contraste avec les terres arides et brûlées du Cap me faisait croire que j'en étais à plus de mille lieues. Quoi ! me disais-je dans mon extase, ces superbes contrées seront donc éternellement habitées par les tigres et les lions ! quel est le spéculateur insensé qui, dans la vue sordide d'un commerce d'entrepôt et de colportage, a pu donner la préférence à la baie orageuse de la Table sur les rades multipliées et les ports naturels et si riants qui bordent les côtes orientales de l'Afrique? Tout en remontant pédestrement ma montagne, je m'entretenais ainsi avec moi-même, et formais, pour la conquête de ce beau pays, de vains souhaits que n'exaucera jamais la politique paresseuse des peuples de l'Europe.

Nous avancions, ayant toujours à l'ouest la grande chaîne couverte de bois que nous avions aperçue de fort loin. Après quatre heures et demie de marche, je fis halte près d'un petit ruisseau à environ trois lieues de la mer. Nous aperçûmes une quantité prodigieuse de poisson qui remontait avec la marée. Lorsque nous la vîmes dans un moment d'arrêt, je fis barrer le ruisseau avec le large filet de M. Mulder. Je m'en servais pour la première fois : il était trop long; on le mit en double.

Je passerais pour un exagérateur si je disais tout ce qu'il y resta de poisson lorsque la marée fut écoulée. Le filet en souffrit beaucoup. Mes gens en accommodèrent à toutes sauces. Je réservai pour moi une centaine de pièces que je mis sans eau dans une marmite avec différentes épiceries; je scellai hermétiquement le couvercle avec de la terre glaise, et j'enterrai cette braisière sous des cendres chaudes. Il résulta de cet arrangement une matelote excellente, dont je ne pouvais me rassasier, et qui me dura plusieurs jours.

On ne saurait choisir un emplacement plus utile et plus agréable que celui sur lequel je me trouvais alors pour établir et voir prosperer une colonie. La mer passe par une ouverture d'environ mille pas entre deux grands rochers, et pénètre dans les terres à plus de deux lieues et demie. Le bassin qu'elle y forme a plus d'une lieue de large; toute la côte, à droite et à gauche, est bordée de rochers qui ne laissent aucune communication avec lui. Les terres sont vigoureuses et fertiles. Des eaux fraîches et limpides arrivent de tous côtés des montagnes de l'ouest. Ces montagnes, couronnées de bois superbes, se prolongent jusqu'au bassin par des retours et des sinuosités qui présentent cent bocages naturellement variés, et plus agréables les uns que les autres. C'est sur ses bords que je trouvai beaucoup de petits hérons blancs de la même espèce que ceux qui sont envoyés de Cayenne, et que j'avais vus dans ma jeunesse à Surinam. J'y découvris aussi la grande aigrette; mais elle y était plus rare.

Les bois fournissent en abondance du menu gibier, du buffle, et quelquefois des éléphants. On voit éparses, à de longues distances, deux ou trois misérables habitations réduites au triste et pénible commerce du bois et du beurre avec le Cap.

Je demeurai dans ce beau pays jusqu'au 13. Nous traversâmes par des chemins détestables une forêt nommé le Poort. De là, en sept heures de marche, nous nous rendîmes à la rivière le Witte-Dresdt. Je vis encore en divers endroits deux ou trois habitations non moins chétives et maigres que les autres, l'éloignement, les difficultés invincibles pour ces malheureux colons, et les risques de la route ne leur permettant que très-rarement de conduire au Cap quelques bœufs qui y arrivent toujours en mauvais état, et sont par conséquent mal vendus et plus mal payés. A mon passage, plusieurs de ces habitants n'avaient pas mis les pieds au Cap depuis nombre d'années.

J'avançais toujours ; mais, soit que les fatigues et les traverses multipliées que je venais d'éprouver coup sur coup eussent un peu dérangé ma santé, soit que je dusse payer le tribut à ces nouveaux climats et que leur température eût agi fortement sur moi, je fus soudain frappé de maladie et de l'idée cruelle que je laisserais mes cendres à deux mille lieues de ma famille. Mon imagination trop active s'exagéra ce malheur ; je laissai mon âme s'abattre et se décourager. La plus noire mélancolie vint s'emparer de mes sens, et je me vis, en effet, arrêté. J'éprouvais des maux de tête violents, une pesanteur extraordinaire, un malaise général qui m'annonçait de pressants dangers. C'était l'unique malheur que j'avais redouté en partant. Je sentis qu'il était à propos d'enrayer, afin de me rasseoir, et je pris enfin mon parti : la maladie la plus sérieuse devait là, tout aussi bien qu'au milieu des fourrures doctorales, prendre un cours heureux ou finir par la mort.

Je me traînai donc comme je pus, et visitai promptement les environs. Le voisinage d'un petit ruisseau m'offrit un emplacement heureux pour mon camp ; j'y fis dresser mes tentes à la lisière d'un bois. Je ne connaissais de la médecine pratique que la diète et le repos ; mes gens n'en savaient pas davantage ; j'allais, entre leurs mains, courir de tristes hasards, si la maladie empirait. L'accablement survint, et me força de rester couché dans mon chariot. La chaleur du soleil en faisait une fournaise ardente. D'horribles douleurs me déchiraient les entrailles. Une dyssenterie cruelle se déclara ; j'entendis, à leur tour, mes gens se plaindre l'un après l'autre du même mal. J'imaginai alors que nous devions cette espèce d'épidémie à la grande quantité de poisson salé que nous avions mangé : j'ordonnai sur-le-champ qu'on brûlât la provision qui nous restait. La fièvre me consumait par degrés ; mais je ne perdis point entièrement les forces. Après douze jours d'une transpiration abondante, le repos et la diète, en effet, me rétablirent ; je pris de l'exercice avec modération ; je tranquillisai ma tête, et me trouvai de jour en jour mieux portant. Le même régime rétablit tout mon monde. Je ne manquai point d'ajouter à la liste des grandes et sublimes découvertes de la médecine les bains de chaleur, et j'ai toujours pensé que ces bains m'avaient sauvé la vie.

Après mon parfait rétablissement, je repris mes occupations ordinaires : l'exercice et la chasse. Dès ma première course, je reconnus que nous étions flanqués d'une seconde rivière, le Queur-Boor. Elle tombe des montagnes de l'ouest, et reçoit le Witte-Drest une lieue avant d'arriver à la mer. Son embouchure est à côté d'une baie connue des navigateurs sous le nom de l'Agoa. Dans un voyage que fit de ce côté le gouverneur du Cap Blettenberg, il voulut qu'on gravât sur une colonne de pierre son nom, l'année et le jour de son arrivée. J'examinai ce pitoyable monument, auquel il ne manquait qu'une inscription en vers pour le rendre encore plus digne de mépris. Ce nom a prévalu dans toutes les colonies ; la baie de l'Agoa n'est plus connue que sous le nom de Blettenberg's-Bay. C'est ainsi qu'un chétif piquet planté par la vanité d'un particulier donne tout à coup naissance à des erreurs qui déconcertent les conventions jusque-là reçues, en même temps qu'elle renverse les opinions généralement adoptées par les peuples.

Il y avait dans notre voisinage une troupe de vingt-cinq à trente bubales; ils étaient dans un accul formé par la mer et nos deux rivières. Notre camp se trouvait placé de façon que nous occupions toute la largeur du seul débouché qui leur restât pour échapper. Ces animaux étaient entièrement à notre discrétion; nous les regardions comme faisant partie de notre ménagerie, ou plutôt de notre basse-cour; aussi ne nous en faisions-nous pas faute; quand nos provisions tiraient à leur fin, j'en abattais une couple. Aucun ne nous échappa, et leurs peaux réunies firent une jolie tente à mon chariot de Pampoen-Kraal.

Des troupeaux considérables de buffles venaient brouter sous nos yeux de l'autre côté de Queur-Boom. Nous leur donnions la chasse, et nous en attrapions toujours quelques-uns. Cet animal est extraordinairement farouche; c'est avec bien de la précaution qu'il faut l'attaquer dans le bois; mais en rase campagne il n'est point redoutable; il craint et fuit la présence de l'homme. La façon la plus sûre de le prendre est de le faire harceler par quelques bons chiens; tandis qu'il s'occupe à se défendre, un coup de fusil dans la cervelle ou l'omoplate l'étend roide sur la place. Les balles dont il faut se servir sont de gros calibre, plomb et étain. Si le coup ne frappait pas les deux parties que j'indique, l'animal échapperait à la mort.

Je n'avais point encore vu de près la baie très-improprement dite Blettenberg; quelques ménagements que je prenais à la suite de ma maladie m'avaient jusqu'alors empêché de l'aller examiner.

Lorsque je m'y rendis pour la première fois, je fus surpris de voir que ce n'était qu'une rade très-ouverte et qui n'entre presque pas dans les terres. Elle est spacieuse; les plus gros vaisseaux peuvent y mouiller; l'ancrage en est sûr; au moyen de chaloupes on gagne aisément un belle plage qui n'est point gênée par les rochers qui s'y trouvent, attendu qu'ils sont tous isolés.

Dans les environs de cette baie, je trouvai le moyen d'augmenter ma collection de plusieurs beaux oiseaux et même de quelques nouvelles espèces qui n'étaient point rares dans les forêts du canton; mais je voulus surtout m'en procurer un qui mit plus d'une fois ma patience à l'épreuve et faillit me coûter cher. C'était un balbuzard d'une très-belle espèce. Cet oiseau, du genre des aigles, est de la taille à peu près de l'orfraie; tous les jours, je le voyais planer au-dessus de mon camp, mais à une distance hors de la portée de la balle; je l'épiais et le faisais épier continuellement; un homme toujours en vedette ne le perdait pas de vue. Un jour que j'avais traversé le Queur-Boom et que je me promenais le long de la rive opposée à celle de mon camp, je vis autour d'un vieux tronc d'arbre mort une quantité de têtes, d'arêtes de gros poisson, des ossements et des débris de différentes petites gazelles; la terre en était jonchée. Je pensai que ce pouvait être là que mon couple de balbuzards avait établi sa pêcherie ou tout au moins son repaire. Je ne tardai pas à le voir tournoyer dans l'air à une grande hauteur. Je me cachai vite dans un buisson fort épais; mais cette ruse n'était pas assez fine pour tromper l'œil perçant de deux aigles. Ils m'avaient sans doute aperçu, ils ne descendirent point.

Le lendemain et plusieurs jours de suite, je retournai à mon poste ; j'allais à la petite pointe du jour me placer dans le buisson, et n'en sortais que le soir ; mais ce fut toujours inutilement. Ce manége était fort pénible, parce que, pour aller et revenir, obligé de passer deux fois la rivière, il fallait attendre la marée basse.

Las à la fin de perdre tout mon temps et de ne pouvoir réussir, je pris deux Hottentots avec moi, et, dans le milieu de la nuit traversant la rivière, je les conduisis à la portée du tronc d'arbre. Là je leur fis creuser un trou de trois pieds de large sur quatre de profondeur ; lorsqu'il fut fait, j'y descendis ; on recouvrit le trou par-dessus ma tête avec quelques bâtons, un bout de natte et de la terre ; je me réservai seulement assez d'ouverture pour passer mon fusil et voir en même temps le tronc de l'arbre. J'ordonnai à mes gens de retourner au camp. Le jour parut ; mais les cruels oiseaux ne parurent point. La terre fraîchement remuée leur avait sans doute inspiré de la méfiance ; je m'y étais presque attendu. A la nuit close, je sortis de mon trou, et m'en retournai passer quelques heures à mon camp ; puis je revins me faire enterrer comme auparavant. Je continuai ce manége deux jours de suite avec beaucoup de constance. Dans cet intervalle, le soleil avait desséché la terre et lui avait rendu sa couleur uniforme. Sur le midi du troisième jour, je vis la femelle planer au-dessus de l'arbre ; elle s'y abattit, tenant dans ses serres un très-gros poisson. Soudain un coup de fusil la fit tomber en se débattant ; mais avant que je me fusse débarrassé de ma natte et de la terre qui me couvrait, elle reprit son vol, et, rasant la surface de la rivière, elle gagna l'autre bord, où je la vis expirer.

La joie que je ressentis de me voir enfin possesseur de cet oiseau fut si vive, que je ne fis point attention que la marée était haute ; le fusil sur l'épaule, je courus me jeter à l'eau. Je n'ouvris les yeux sur mon étourderie que lorsqu'au milieu de la rivière je me sentis gagné jusqu'au menton; j'étais seul; je ne savais point nager. En retournant, la rapidité du courant m'eût infailliblement culbuté. Sans trop savoir ce que j'allais devenir, je poursuivis machinalement mon chemin, et j'eus le bonheur, le nez au vent, de gagner la rive opposée. Un pouce de plus m'aurait infailliblement noyé. Je sautai sur mon balbuzard, et le plaisir de tenir ma proie effaça bien vite la peur et le danger. Je fus contrains de me déshabiller pour étendre tout ce que j'avais sur le corps; pendant ce temps, je m'amusai à faire l'examen de ma prise; après avoir fait sécher mes vêtements, je rejoignis sans péril mes pénates; à mon arrivée, on me dit que plusieurs de mes gens étaient à la poursuite d'un buffle qui venait de s'offrir à leur rencontre. Vers le soir, ils arrivèrent chargés des quartiers de l'animal, qu'ils avaient dépouillé sur la place. Le lendemain, de grand matin, je ne négligeai pas d'envoyer chercher tous les rebuts qu'ils avaient abandonnés, afin d'attirer les oiseaux de proie. Ce moyen me procura mon balbuzard mâle. Il ne différait de sa femelle que par le caractère général des oiseaux carnivores mâles, d'être toujours un tiers moins gros. Je donne le dessin et la description de ceux-ci sous le nom de *Vocifer*.

Dans la même matinée, comme j'étais tranquillement assis sur une chaise à l'ouverture de ma tente, ayant devant moi une table sur laquelle je disséquais le balbuzard que j'avais tué la veille, tout à coup une gazelle de l'espèce appelée bosbock traverse mon camp, passe comme un éclair entre mes voitures, sans que mes chiens, qui l'avaient entendue les premiers et qui se présentent au-devant d'elle, puissent lui faire rebrousser chemin; elle va donner dans un filet étendu pour sécher à la lisière de mon camp, le déchire, en emporte quelques lambeaux, et, suivie de toute ma meute, se jette à corps perdu dans la rivière. Au même instant je vois arriver neuf chiens sauvages qui lui avaient probablement donné la chasse et la suivaient à la piste. A la vue de mon camp, ces animaux s'arrêtèrent tout court, et, faisant un crochet, ils gagnèrent une petite colline contre laquelle j'étais adossé. Ils pouvaient de là, mieux encore que moi, observer la proie, arrêtée par mes chiens et mes Hottentots, qui faisaient tout ce qu'ils pouvaient pour la tirer de leurs dents et me l'amener vivante. Ils y réussirent, après lui avoir mis des jarretières. Rien n'était plus plaisant que l'air capot de ces chiens sauvages, qui, toujours spectateurs de cette scène appétissante, n'avaient point quitté la colline, et montraient assez par des mouvements d'impatience toute notre injustice et tous leurs droits sur le repas dont nous les privions. J'aurais bien voulu en attraper un; quelques-uns de mes gens se glissèrent de côté et d'autre pour les joindre; mais, plus fins que nous, ils se doutèrent des manœuvres, et gagnèrent au large. Une balle que je leur envoyai pour les remercier du service qu'ils venaient de me rendre fut perdue.

Je voulais garder et apprivoiser cette gazelle; mais elle était si farouche, la vue seule de mes chiens lui inspirait tant de crainte, elle se débattait avec tant de mouvements et des soubresauts si violents, qu'elle se serait infailliblement tuée. Nous lui épargnâmes cette peine : elle fut mangée.

Cette aventure servit de matière pendant plus de huit jours aux propos de nos beaux esprits. Ils plaisantaient les pauvres chiens sauvages d'avoir fait lever le lièvre pour se le voir souffler sous la moustache.

Jusqu'au 25 juin, je fis plusieurs campements aux environs de la baie, dans différents endroits.

Résolu à continuer mes incursions entre la chaîne de montagnes et la mer, j'allai reconnaître les lieux; je cherchais, et ne trouvais nulle part un endroit par où mes chariots pussent passer librement; les forêts étaient d'une étendue et d'une épaisseur qui ne permettaient pas de s'y enfoncer ; de leur côté, mes Hottentots n'étaient pas plus heureux que moi dans leurs recherches. Nous ne découvrions absolument aucune issue. Je me décidai donc à traverser la chaîne des montagnes; encore pour s'engager fallait-il trouver le commencement d'un passage, et le moyen pour ces malheureux bœufs d'y tenir pied. J'eus beau courir, arpenter, divaguer sans cesse, toujours, de quelque côté que je me retournasse, des rochers à pic frappaient mes regards. Nous nous étions, sans le savoir, enfermés dans une espèce d'impasse dont on ne pouvait se tirer qu'en revenant sur ses pas. C'est le parti que nous fûmes obligés de prendre, et nous nous retrouvâmes au bois du Poort, d'où j'étais parti un mois auparavant.

Il faut souvent peu de chose pour rendre le calme

à notre âme. Telle est l'heureuse instabilité de l'esprit humain : cette terre que je revoyais avec le plus amer regret, et qui me semblait si âpre et si triste, prit tout à coup une face nouvelle et riante. Je vis sous mes pas des traces d'une troupe d'éléphants qui devaient avoir passé le jour même. Il n'en fallut pas davantage pour dissiper mes chagrins et me consoler du retard que j'éprouvais dans ma route. Nous plantâmes donc le piquet à cet endroit même.

Parmi mes Hottentots, j'en avais un qui, dans sa jeunesse, avait voyagé jusque-là avec sa horde et sa famille, qui n'en était pas éloignée jadis.

Il en avait encore une connaissance superficielle; je le choisis avec quatre autres bons tireurs; et, après avoir mis ordre à mon camp, nous partîmes tous six, munis de quelques provisions, et suivîmes les traces, que nous ne perdîmes pas un seul instant de vue. Elles nous conduisirent à la nuit, sans que jusque-là nous eussions vu rien autre chose. Nous soupâmes gaiement, nous invitant les uns les autres à ne pas trop regretter les douceurs du camp; et, après avoir fait un grand feu, nous nous couchâmes alentour, sur la terre refroidie et dure.

Quoique chacun de nous eût affecté d'inspirer à ses compagnons des sentiments de patience et de courage, un mouvement d'inquiétude et de crainte nous tourmentait également, et personne ne jouit d'un sommeil paisible. Au moindre souffle, au plus léger bruissement d'une feuille, nous étions aux écoutes, et bientôt sur nos gardes. La nuit s'écoula dans ces petites agitations; dès la pointe du jour j'excitai les dormeurs par mes cris; leur toilette ne fut pas longue; un verre d'eau-de-vie leur rendit cette première épreuve plus douce, et leur fit oublier mon brusque réveille-matin. Nous reprîmes bientôt la trace. Cette seconde journée s'écoula tristement, et ne fut pas plus heureuse que la première. Le soir, nous répétâmes les cérémonies de la veille, avec cette différence que, plus enhardis peut-être, ou même plus confiants, nous espérions qu'un sommeil non interrompu nous reposerait un peu de nos fatigues, et servirait du moins à nous rafraîchir. Mais nous fûmes troublés par une alerte un peu vive. Il y avait à peine une heure que mes Hottentots dormaient, étendus auprès de notre feu, lorsqu'un buffle attiré par la lueur s'approcha tout près. Comme il craint l'homme, il ne nous eut pas plutôt aperçus, que, saisi d'épouvante, il s'éloigna à l'instant. Le bruit qu'il fait en reculant précipitamment dans les broussailles, et les déchirant pour nous échapper, nous éveille. Je saute trop tard sur mes armes ; il avait disparu. Nous fîmes la ronde pendant une heure, tirant des coups de fusil au hasard, et nous revînmes près du feu. Enfin le troisième jour se leva plus orageux. Je raconterai cette histoire en détail, car elle me revient souvent à l'esprit ; et maintenant que le feu de la jeunesse a fait place à des projets moins téméraires, à des idées plus tranquilles, ce souvenir m'anime et me fait frémir encore.

Nous ne perdions pas un seul moment de vue la trace de nos animaux ; après quelques heures de fatigues et de marches pénibles au milieu des ronces, nous parvînmes à un endroit du bois fort découvert. Dans un espace assez étendu, il n'y avait que quelques arbrisseaux et du taillis. Nous arrêtons. Un de mes Hottentots qui était monté sur un arbre pour observer, après avoir jeté les yeux de tous côtés, nous fait signe, en mettant un doigt sur la bouche, de rester tranquilles. Il nous indique, avec la main qu'il ouvre et ferme plusieurs fois, le nombre d'éléphants qu'il aperçoit; il descend; on tient conseil, et nous tenons le dessous du vent, pour approcher sans être découverts. Il me conduit si près, à travers les broussailles, qu'il me met en présence d'un de ces énormes animaux. Nous nous touchions, pour ainsi dire; je ne l'apercevais pas! non que la peur eût fasciné mes yeux; il fallait bien ici payer de sa personne, et se préparer au danger: j'étais sur un petit tertre au-dessus de l'éléphant même. Mon brave Hottentot avait beau me le montrer du doigt et me répéter vingt fois d'un ton impatient et pressé: « Le voilà! Mais le voilà!.... » je ne le voyais toujours point; je portais la vue beaucoup plus loin, ne pouvant imaginer que ce que j'avais à vingt pas au-dessous de moi pût être autre chose qu'une portion de rocher, puisque cette masse était entièrement immobile. A la fin cependant un léger mouvement frappa mes regards. La tête et les défenses de l'animal, qu'effaçait son énorme corps, se tournèrent vers moi. Sans plus perdre ni mon temps ni mon avantage en contemplation, je pose vite mon gros fusil sur son pivot, et lui lâche mon coup au milieu du front. Il tombe mort. Le bruit en fit sur-le-champ détaler une trentaine qui s'enfuirent à toutes jambes. Rien n'était plus amusant que de voir le mouvement de leurs grandes oreilles qui battaient l'air en proportion de la vitesse qu'ils mettaient dans leur course: ce n'était là que le prélude d'une scène plus animée. Je prenais plaisir à les examiner, lorsqu'il en passa un à côté de nous qui reçut un coup de fusil d'un de mes gens. Aux excréments teints de sang qu'il répandit, je jugeai qu'il était dangereusement blessé; nous commençâmes à le poursuivre. Il se couchait, se redressait, retombait; mais, toujours à ses trousses, nous le faisions relever à coups de fusil. L'animal nous avait conduits dans de hautes broussailles parsemées çà et là de troncs d'arbres morts et renversés. Au quatorzième coup, il revint furieux contre le Hottentot qui l'avait tiré; un autre l'ajusta d'un quinzième, qui ne fit qu'augmenter la rage de l'éléphant; et, gagnant au pied sur les côtés, il nous cria de prendre garde à nous. Je n'étais qu'à vingt-cinq pas; je portais mon fusil, qui pesait trente livres, outre mes munitions. Je ne pouvais être aussi dispos que mes gens, qui, ne s'étant pas laissé emporter aussi loin, avaient d'autant plus d'avance pour échapper à la trompe vengeresse et se tirer d'affaire. Je fuyais; mais l'éléphant gagnait à chaque instant sur moi. Plus mort que vif, abandonné de tous les miens (un seul accourait dans ce moment pour me défendre), il ne me reste que le parti de me coucher et de me blottir contre un gros tronc d'arbre renversé; j'y étais à peine que l'animal arrive, franchit l'obstacle; et, tout effrayé lui-même du bruit de mes gens qu'il entendait devant lui, il s'arrête pour écouter. De la place où je m'étais caché, j'aurais bien pu le tirer; mon fusil heureusement se trouvait chargé; mais la bête avait reçu inutilement tant d'atteintes, elle se présentait si défavorablement, que, désespérant de l'abattre d'un seul coup, je restai immobile, en attendant mon sort. Je l'observais cependant, résolu à lui vendre chèrement ma vie, si je la voyais revenir à moi. Mes gens, inquiets de leur maître, m'appelaient de tous côtés ; je me gardais bien de répondre. Convaincus par mon silence qu'ils avaient perdu leur chef, ils redoublent leurs cris, et reviennent en désespérés. L'éléphant, effrayé, rebrousse aussitôt et saute une seconde fois le tronc d'arbre, à six pas au-dessous de moi, sans m'avoir aperçu ; c'est alors que, me remettant sur pied, à mon tour échauffé d'impatience, et voulant donner à mes Hottentots quelque signe de vie, je lui envoie mon coup de fusil dans la culotte. Il disparut entièrement à mes regards, laissant partout sur son passage des traces certaines du cruel état où nous l'avions mis.

Ce tableau n'est point achevé ; la reconnaissance et l'amitié réclament un dernier trait. En partant du Cap, j'avais reçu de M. Boers, comme un homme sur la bravoure et la fidélité duquel je pouvais compter, un domestique Hottentot nommé Klaas. Il lui avait recommandé de ne me quitter ni à la vie, ni à la mort, en lui promettant des récompenses, si, de retour au Cap sain et sauf, je rendais un témoignage satisfaisant de sa conduite. C'est ce même homme qui ne m'avait pas un seul instant abandonné, mais qui, m'ayant vu tout à coup disparaître, accourait à mon secours et me cherchait vainement. Je l'entendais à travers les broussailles m'appeler d'une voix étouffée ; puis, s'adressant à ses camarades qui le suivaient d'un peu loin, humiliés, confondus, leur reprocher leur lâcheté au milieu du péril. « Que deviendrez-vous, leur disait-« il en son langage expressif et touchant, que de-« viendrons-nous, si nous avons le malheur de trou-« ver notre infortuné maître écrasé sous les pieds « de l'éléphant ? Oserez-vous jamais retourner au « Cap sans lui ? De quel œil soutiendrez-vous la pré-

« sence du fiscal? Quelle que soit votre excuse, « vous passerez pour ses vils assassins; c'est vous, « en effet, qui l'avez assassiné. Retournez au camp; « pillez, dispersez les effets, devenez tout ce que « vous voudrez; pour moi, je ne quitte point cette « place : vivant ou mort, il faut que je retrouve mon « malheureux maître; j'ai résolu de périr avec lui. » Il accompagnait ce discours de gémissements et de sanglots si touchants, que dans le moment le plus critique je sentis mes yeux se mouiller et l'attendrissement succéder aux glaces de l'effroi. Mon coup de fusil fut un signal de joie; je me vis à l'instant entouré des miens, et pressé dans les bras de mon cher Klaas avec des étreintes si vives, qu'il ne pouvait se détacher de mon corps. Ce fidèle garçon baisait tour à tour ma figure et mes vêtements; ses camarades eux-mêmes, pénétrés de regrets et dans une attitude suppliante, tendaient les mains vers moi comme pour implorer leur pardon. Je pris soin de les consoler. Je jouissais trop pleinement pour oser troubler cette scène attendrissante par de belles paroles et des reproches inutiles. Depuis ce jour heureux de ma vie où j'ai connu le bonheur d'être aimé purement et sans aucun mélange d'intérêt, le bon Klaas fut déclaré mon égal, mon frère, le confident de mes plaisirs, de mes disgrâces, de mes pensées; il a plus d'une fois calmé mes ennuis et ranimé mon courage abattu.

Cependant la nuit approchait; nous nous hâtâmes de rejoindre l'éléphant que j'avais eu le bonheur de tuer d'un seul coup; il était temps : notre présence écarta quelques vautours et plusieurs petits quadrupèdes carnassiers qui déjà commençaient à l'entamer. Nous fîmes plusieurs feux; les provisions nous manquaient. Mes gens tiraient pour eux plusieurs grillades de l'éléphant; on apprêta pour moi quelques tronçons de la trompe. J'en mangeais pour la première fois; mais je me promis bien que ce ne serait pas la dernière, car je ne trouvais rien de plus exquis. Klaas m'assura que, lorsque j'aurais goûté des pieds, j'aurais bientôt oublié la trompe; pour m'en convaincre, il me promit pour le lendemain un déjeuner friand qu'il fit préparer sur-le-champ. On coupa donc les quatre pieds de l'animal; on fit en terre un trou d'environ une demi-toise carrée. On le remplit de charbons ardents; et, recouvrant le tout avec du bois bien sec, on y entretint un grand feu pendant une partie de la nuit; lorsqu'on jugea que ce trou était assez chaud, il fut vidé; Klaas y déposa les quatre pieds de l'animal, les fit recouvrir de cendres chaudes, ensuite de charbons, de quelque menu bois, et ce feu brûla jusqu'au jour. Toute cette nuit je dormis seul; mes gens veillèrent : tel avait été l'ordre de Klaas. On me raconta qu'on avait entendu beaucoup de buffles et d'éléphants rôder alentour; nous nous y étions attendus; toute la forêt en était remplie; mais la multiplicité de nos feux avait empêché qu'ils nous inquiétassent.

Mes gens me présentèrent à mon déjeuner un pied d'éléphant. La cuisson l'avait prodigieusement enflé; j'avais peine à en reconnaître la forme; mais il avait si bonne mine, il exhalait une odeur si suave, que je m'empressai d'y goûter. C'était bien un manger de roi; quoique j'eusse entendu vanter les pieds de l'ours, je ne concevais pas comment un animal aussi lourd, aussi matériel que l'éléphant, pouvait donner un mets si fin, si délicat. Jamais, me disais-je intérieurement, non jamais nos modernes Lucullus ne feront figurer sur leurs tables un morceau pareil à celui que j'ai présentement sous la main; vainement leur or bouleverse les saisons; vainement ils se vantent de mettre à contribution toutes les contrées; leur luxe n'atteint point jusque-là; il est des bornes à leur cupide sensualité. Et je dévorais sans pain le pied de mon éléphant; et mes Hottentots, assis près de moi, se régalaient avec d'autres parties qu'ils ne trouvaient pas moins excellentes.

Nous employâmes le reste de la matinée à arracher les défenses; comme c'était une femelle, elles ne pesaient guère que vingt livres; la bête avait huit pieds trois pouces de hauteur. Mes gens se chargèrent de toute la viande qu'ils pouvaient porter, et nous reprîmes la route du camp. Nous nous étions proposé de suivre la piste de celui qui m'avait laissé la vie, et que nous avions si cruellement maltraité; mais il en était venu tant d'autres pendant la nuit, que les traces se trouvèrent confondues. Nous étions d'ailleurs très-fatigués, et je craignais de rebuter ces pauvres gens; je les ramenai donc au plus vite.

Que la vue est un sens subtil dans le Hottentot! comme il sait le seconder par une attention merveilleuse! Sur un terrain sec, où, malgré sa pesanteur, l'éléphant ne laisse aucune trace, au milieu des feuilles mortes, éparses et roulées par le vent, l'Africain reconnaît le pas de l'animal, il voit le chemin qu'il a pris, et celui qu'il faut suivre pour l'atteindre; une feuille verte retournée ou détachée, un bourgeon, la façon dont une petite branche est rompue, tout cela et mille autres circonstances sont pour lui des indices qui ne le trompent jamais. Le chasseur européen le plus expert y perdrait toutes ses ressources; moi-même je n'y pouvais rien comprendre; ce n'est qu'à force de temps et d'habitude que je me suis fait à cette partie divinatoire de la plus belle des chasses. Il est vrai qu'elle avait pour moi tant d'attraits, qu'aucun des moindres éclaircissements n'était dédaigné; je m'instruisais chaque jour de plus en plus; et lorsque je rôdais dans les bois avec mon monde, nous passions les journées en questions, et l'épreuve suivait quelquefois le précepte.

De retour au camp, mon vieux Swanepoël me dit que pendant mon absence il avait été toutes les nuits inquiété par des troupes d'éléphants qui s'étaient si fort approchés, qu'on les entendait casser les branches et brouter les feuilles; je fis un tour dans la forêt, et je vis effectivement quantité de jeunes arbres cassés, de branches dégarnies et de jeunes pousses dévorées.

C'en était assez pour me mettre en campagne. Mes gens avaient eu tout le temps de se reposer; j'aimais mieux aller surprendre de jour ces animaux que de les attendre chez moi pendant la nuit. Dès le matin je me mis sur la piste. Je ne fus pas obligé de courir bien loin; car, du haut d'une colline, à la lisière du bois, j'en aperçus quatre dans de fortes broussailles. Je fis en sorte de n'en point être éventé; et, m'approchant avec précaution, je me donnai le plaisir de les considérer à mon aise pendant plus d'une demi-heure; ils étaient occupés à manger les extrémités des buissons. Avant de les prendre, il les frappaient de trois ou quatre coups de trompe; c'était, je crois, pour en faire tomber les fourmis ou autres insectes. Après ce préliminaire, ils formaient, toujours avec la trompe, un faisceau de toutes les branches qu'elle pouvait entourer, et, le portant à la bouche, toujours de gauche à droite, sans le broyer beaucoup ils l'avalaient. Je remarquai qu'ils donnaient la préférence aux branches les plus garnies de feuilles, et qu'ils étaient en outre très-friands d'un fruit jaune quand il est mûr, et qu'on nomme *cerisier* dans le pays.

Lorsque j'eus suffisamment examiné leur manége, je tirai à la tête de celui qui se trouvait le plus près de moi, et en moins de dix minutes je mis de même les trois autres à terre (1).

Nous nous imaginions qu'il n'y en avait plus; mais un grand bruit à côté de nous nous ayant fait tourner la vue, un de mes Hottentots qui aperçut un petit éléphant, le tua; j'en eus beaucoup d'humeur, et le réprimandai fortement. Ce jeune animal n'était pas plus gros qu'un veau de cinq à six mois; j'aurais pu facilement l'apprivoiser.

Parmi les quatre que j'avais tués, il y avait un jeune mâle de sept pieds un pouce de hauteur; ses défenses ne pesaient guère qu'environ quinze livres chacune. La plus grande des trois femelles n'avait que huit pieds cinq pouces, et en général leurs défenses ne dépassaient pas ce poids.

J'avais laissé mes gens occupés à dépecer mes éléphants, et j'étais allé me rafraîchir à une fontaine située à une demi-lieue de là. Revenu de la fontaine au bout d'une demi-heure, je trouvai bien extraordinaire de n'en plus apercevoir un seul.

(1) Lorsque les éléphants sont en troupes et pressés, si le premier qu'on a tiré tombe mort, on peut se promettre de les abattre tous les uns après les autres.

Que pouvait-il être arrivé qui les eût forcés d'abandonner l'ouvrage? Je ne pouvais concevoir la cause de cette désertion subite. Je me mis à crier de toutes mes forces pour les rappeler, s'ils pouvaient m'entendre; je fus bien étonné lorsqu'à ma voix je les vis sortir tous quatre du corps des éléphants, dans lesquels ils s'étaient introduits pour en détacher les filets intérieurs, qui, après les pieds et la trompe, sont les morceaux les plus délicats.

J'avais dépêché mon cinquième Hottentot au camp, pour dire à Swanepoël de m'envoyer un attelage de bœufs et une chaîne. Nous avions tranché les quatre têtes quand tout cela arriva. On commença par les enfiler avec la chaîne; mais ce ne fut pas une petite cérémonie de faire approcher les bœufs et de les atteler à ces têtes. Ils soufflaient avec violence, écartaient les naseaux et reculaient d'horreur. Cependant nous parvînmes à les ramener par la ruse; ils furent attelés aux quatre têtes, qu'ils traînèrent jusqu'à ma tente, à travers les sables, la poussière et les buissons, imprégnés de leur sang : spectacle horrible sans doute, mais nécessaire, le chemin étant si difficile que jamais un chariot ne serait venu jusqu'à nous. Mais ce fut bien pis lorsque, voulant retourner aux éléphants, près desquels j'avais laissé une partie de mon monde, je ne pus jamais faire passer mon cheval par les endroits tout souillés de leur sang; je fus contraint de le conduire par un autre chemin; et lorsque, arrivé près des éléphants, il en eut senti l'odeur et les eut aperçus, il se cabra, s'emporta, me jetta par terre, et, prenant sa course par un très-long détour, il regagna son gîte.

Obligé de retourner à pied, j'aperçus en route, à

travers les arbres, un étranger à cheval, un Hottentot qui ne m'était point connu. Comme je voyais qu'il venait en droite ligne pour me joindre, je l'attendis : c'était un exprès envoyé par M. Boers ; il avait eu ordre de s'informer de moi dans tous les cantons des colonies où je pouvais avoir passé, et de me suivre à la trace lorsque, quittant les chemins connus, je me serais enfoncé dans le désert. Cet homme avait exactement rempli sa commission ; et, suivant l'empreinte de mes roues, il s'était vu conduit à tous mes divers campements, et de là jusqu'à moi.

Avant de quitter le Cap, M. Boers m'avait promis que si pendant mon absence il recevait pour moi des lettres d'Europe, quelque route que j'eusse tenue, quelque lieu que j'habitasse, il me les ferait parvenir. Ce respectable ami m'a tenu parole : dans le paquet que son Hottentot me remit de sa part j'en trouvai plusieurs qui portaient le timbre de France ; c'étaient les premières nouvelles que je recevais depuis mon départ d'Europe. Qu'on se figure mon impatience et le trouble de mes sens en prenant ces lettres des mains de l'envoyé ; dans l'incertitude de ce que j'allais apprendre, j'avais à peine la force de les ouvrir, on devine bien toutefois que je n'attendis pas mon retour au camp pour me satisfaire. Elles étaient toutes de mes plus chers amis et de ma femme ; mon œil les parcourut plus vite que l'éclair ; je n'y voyais partout que des sujets de félicité ; j'étais aimé, regretté. La tendre amitié venait me chercher jusqu'au fond de mon désert. D'abord je ne pouvais parler, ni soupirer, ni pleurer ; peu à peu je repris mes sens, et je revins au camp.

Ces premiers élans passés, je m'enfermai dans

ma tente, et, donnant un libre cours à mes larmes, je me trouvai soulagé ; je me mis en devoir de répondre sur-le-champ. Je datai mes lettres du CAMP D'AUTENIQUA, JOUR OU J'AVAIS TUÉ QUATRE ÉLÉPHANTS.

La nuit venue, le camp rangé et les feux faits, je m'y plaçai à mon ordinaire, mes papiers sur mon bout de planche, et mes Hottentots autour de moi. « Mes amis, leur dis-je, vous voyez un homme, un de vos compatriotes, que M. Boers envoie pour s'informer de ce que je suis devenu, pour savoir de moi-même si votre conduite répond à ce qu'il attend de vous et à ce que vous me devez. Voilà (en leur montrant la première lettre qui me tomba sous la main), voilà la réponse que je lui fais ; je lui apprends que jusqu'à ce jour vous vous êtes comportés en braves et honnêtes gens ; que depuis huit mois que nous voyageons ensemble je vous regarde comme les fidèles compagnons de mon entreprise et de mes travaux ; je lui dis qu'il doit être sans inquiétude à mon égard, parce que je compte sur vous comme sur moi-même, et afin que, de retour au Cap, l'envoyé de M. Boers puisse assurer vos amis et vos familles que vous vous portez bien, que vous êtes contents et heureux avec moi, je veux qu'il soit témoin de la façon amicale avec laquelle je vous traite, et je vais en conséquence distribuer à chacun de vous un bout d'excellent tabac ; je prétends que toutes les pipes s'allument à l'instant. » La distribution faite, chacun se remit à sa place et s'enfuma tout à son aise.

J'étais si joyeux des témoignages d'affection que je recevais des miens, de leurs protestations vives d'attachement, des détails exacts et marqués au coin de la complaisance et de l'intimité qu'on me donnait dans toutes les lettres, qu'enivré de plaisir, oubliant pour ce moment, et l'Afrique, et la chasse, et les plus beaux oiseaux, et les brillantes collections; en un mot, redevenu pour cette fois un enfant, j'imaginai pour me divertir ce que dans un certain monde on nomme une *folle journée*, et dans un ordre inférieur, tout naturellement une *farce.*

Je m'étais montré un peu trop généreux dans la distribution du tabac et de l'eau-de-vie. Ils en avaient plus qu'il ne leur en fallait pour s'enivrer, si je les avais laissés faire; mais je roulais dans ma tête un moyen de les en empêcher. Je m'étais aperçu que la troisième charge des pipes tirait à sa fin; je n'eus pas plutôt pris mon thé à la crème, que je me fis apporter un petit croffret que je plaçai sur mes genoux. Je l'ouvris; jamais charlatan n'y eût mis tant d'adresse et de mystère. J'en tirai ce noble et mélodieux instrument, inconnu peut-être à Paris, mais assez commun dans quelques provinces, et qu'on voit entre les mains de presque tous les écoliers et du peuple, en un mot, une guimbarde. Je commençais à peine un air du Pont-Neuf, que je vis mon monde descendre silencieusement les pipes, et me considérer bouche béante, les bras à demi tendus, les doigts écartés, dans l'attitude de ces gens qu'une bonne vieille vient d'ensorceler. Mais leur extase n'égalait point encore leur plaisir: toutes les oreilles dressées et les têtes immobiles, penchées de mon côté, ne perdaient pas le moindre son de l'instrument. Ils ne purent tenir à leur enthousiasme; chacun insensiblement quitta sa place pour s'approcher de plus près; je crus voir le moment où tous ensemble allaient se prosterner devant le dieu qui opérait ces prodiges ; je riais en moi-même comme un fou, et faisais mes efforts pour ne pas éclater ; ce qui eût bientôt dissipé le prestige. Quand je l'eus savouré à mon aise, je me saisis de celui de mes gens qui se trouvait le plus près de moi, et l'armai de mon luth merveilleux. J'eus beaucoup de peine à lui faire comprendre la manière de s'en servir ; lorsqu'il y fut tant bien que mal arrivé, je le renvoyai à sa place. Je m'étais bien douté que les autres ne seraient contents que lorsqu'ils auraient aussi chacun le leur. Je distribuai donc autant de guimbardes que j'avais de Hottentots à ma suite ; et, ramassés ensemble, les uns faisant bien, les autres mal, d'autres plus mal encore, ils me régalèrent d'une musique à épouvanter les Furies ; jusqu'à mes bœufs, inquiétés de ce bourdonnement affreux, et qui se mirent à beugler ; tout mon camp fut le théâtre d'un charivari dont rien n'offre l'exemple ; c'était de toutes parts l'image d'un vrai jour de sabbat.

A l'air de stupéfaction dont je les avais frappés en essayant moi-même l'instrument ridicule, je m'étais persuadé qu'on étonne les simples esprits avec de simples moyens ; et, malgré tout ce que raconte l'histoire des grands talents d'Orphée et des miracles de sa musique, je suis toujours tenté de faire honneur aux poëtes de cette lyre harmonieuses que leur seule imagination a divinisée.

Lorsque je me fus suffisamment rempli des accords de la mienne, et que je craignis que ces plaisanteries ne se changeassent en alarmes sérieuses, et que mes bœufs, qui n'avaient point oublié les têtes d'éléphants, ne prissent absolument l'épouvante et ne décampassent, je fis signe de la main que j'avais encore quelque chose à dire. Tout bruit cessa. « Mes chers enfants, ajoutai-je d'un ton simple et cordial, je vous ai régalés du meilleur tabac que vous ayez jamais goûté, je vous ai fait connaître un instrument merveilleux, nous allons à présent terminer cette fête charmante par une rasade générale du meilleur brandevin français, et nous le sablerons à la santé de nos familles et de nos amis. »

C'était, comme je l'ai dit, un vrai jour de carnaval ; et jusqu'aux bêtes domestiques tout devait se ressentir de la folie commune et prendre part à nos orgies. Keès était dans ce moment à côté de moi. Il aimait cette place, les soirs surtout il ne manquait pas de s'y rendre. Élevé comme un enfant de famille, je l'avais passablement gâté. Je ne buvais ou ne mangeais rien que je ne le partageasse avec lui. S'il m'arrivait quelquefois de l'oublier, ennemi juré de mes distractions, il avait grand soin de m'arracher à mes rêveries par quelques coups de sa main ou le bruit de ses lèvres. J'ai dit que la gourmandise le poignait avec force ; son tempérament le portait aux extrêmes : il aimait également le lait et l'eau-de-vie. Jamais je ne lui faisais donner de cette liqueur que sur une assiette qu'on plaçait ordinairement devant lui ; j'avais remarqué que toutes les fois qu'il en avait bu dans un verre, sa précipitation lui en faisait prendre autant par le nez que par la bouche, il en avait pour des heures entières à tousser et à éternuer ; ce qui l'incommodait fort, et pouvait à la longue lui casser quelque vaisseau.

Il était donc à mes côtés, son assiette à terre devant lui, attendant qu'on lui servît sa portion, suivant des yeux la bouteille qui faisait la ronde et s'arrêtait à chacun de mes Hottentots. Dans quelle impatience il attendait son tour! comme ses mouvements et ses regards semblaient nous dire qu'il craignait que la cruelle bouteille ne se vidât trop tôt et n'arrivât point jusqu'à lui! mais, hélas! l'infortuné qui se léchait les lèvres d'avance, ne savait pas qu'il allait en goûter pour la dernière fois!... Rassure-toi, lecteur sensible, le bon Keès ne périt point, et mon eau-de-vie à l'avenir fut épargnée.

J'avais fini mes dépêches, et je mettais lés dernières envéloppes au moment où il voyait avec satisfaction la bouteille achever la ronde; il me vint dans l'idée de tromper son attente par une espièglerie, sans autre motif que de lui causer une surprise et de m'amuser. On venait de lui verser sa portion dans son assiette; tandis qu'il se met en posture, j'allume à ma chandelle une déchirure de papier, que je lui glisse subtilement sous le ventre; l'eau-de-vie s'enflamme; Keès pousse un cri aigu et saute à dix pas de moi, jurant de toutes ses forces; j'eus beau le rappeler et lui promettre mille caresses, ne prenant conseil que de son dépit et de sa colère, il disparut et alla se coucher. Déjà la nuit était avancée, je reçus les adieux et les remercîments de tout mon monde, et chacun s'endormit profondément.

Je dois observer qu'à dater de cette peur terrible de mon Keès j'ai vainement employé tous les moyens de faire oublier à cet animal ce qui s'était passé, et de le ramener à sa liqueur favorite; jamais il n'en a voulu boire; il l'avait prise, au contraire, en aversion. Si quelqu'un de mes gens, pour lui faire niche, lui montrait seulement la bouteille, il marmottait entre ses dents, jurant après lui ; quelquefois, lorsqu'il était à sa portée, il lui appliquait un soufflet, gagnant vite un arbre, et de là narguait en sûreté le mauvais plaisant.

Le jour suivant, après avoir récompensé dignement l'intelligent commissionnaire de M. Boers, je lui remis mes dépêches et lui fis reprendre sa route. Dans la matinée je commençai à disséquer l'une des têtes d'éléphants ; je lui laissai les dents molaires et les défenses. Pendant cette opération, plusieurs de mes gens qui étaient allés à la provision avaient rapporté beaucoup de viande, toujours tirée des parties les plus succulentes des quatre éléphants : on les dépeçait par tranches fort longues et fort minces, afin qu'exposées au soleil, comme nous avions coutume de le faire, elles séchassent plus vite. Quelques-uns cassaient les os et les mettaient en petits morceaux dans nos deux marmites ; on jetait pardessus de l'eau bouillante ; à mesure que la graisse fondait, elle surnageait ; mes gens en remplissaient des vessies et des boyaux pour la mieux conserver. Le Hottentot ne néglige jamais cette provision ; outre le besoin qu'il en a journellement pour sa toilette, il s'en sert aussi pour accommoder les différents mets. Quant à nous, nous n'en avions jamais de trop ; car il en fallait encore pour graisser les roues des chariots et les courroies des attelages, qui, sans ces précautions, auraient bientôt été desséchées par le soleil et hors d'état de servir ; moi-même j'en faisais usage pour ma chandelle et pour ma lampe de nuit, ce qui m'en consommait beaucoup ; à défaut de coton filé, je faisais les mèches avec mes cravates.

Cette fonte et tous ses accessoires nous prirent

beaucoup de temps ; l'opération n'était point encore finie, quand on vint me donner avis de l'empreinte énorme d'un pied d'éléphant qu'on avait remarquée à cent pas de ma tente. Je courus vite pour la reconnaître ; l'animal devait être monstrueux ; il n'avait pas fait beaucoup de chemin, puisque la trace était toute fraîche. Nous battîmes avec soin la forêt ; en un demi-quart d'heure il fut joint ; je l'ajustai dans le bon endroit ; mais je fus bien surpris de ne pas le voir tomber ; mon fusil apparemment n'était pas assez chargé, ou bien l'animal était une roche inattaquable. Cependant, dès qu'il se sentit frappé, il vint à nous avec fureur ; nous nous y étions attendus : au moyen de grosses touffes de broussailles qui nous servaient comme de remparts, il ne fit que frapper la terre et s'impatienter. Il perdait beaucoup de sang ; mais, au train dont il détala, il était inutile de penser à le suivre ; j'en eus beaucoup de regret : c'était le plus beau que j'eusse vu jusqu'à ce jour. Il portait au moins douze à treize pieds de haut ; à vue d'œil, nous jugeâmes que ses défenses pesaient plus de cent vingt livres chacune.

Nos viandes bien sèches et encaquées, nous partîmes pour rétrograder encore vers le fatal trou du Caïman, où j'avais passé le 30 avril, deux mois auparavant. Mes Hottentots, que j'avais envoyés à la découverte, me rapportèrent que nous pourrions traverser la chaîne de montagnes près de celle qu'ils nommaient *la Tête du Diable*, et nous en prîmes la route. Chemin faisant, je revis mon ancien camp de Pampoen-Kraal, et lui jetai un dernier regard de complaisance. Arrivé au pied de la montagne, je fis charger sur une voiture la tête de l'éléphant que j'avais disséquée, les défenses, tout ce que j'avais de préparé en oiseaux, insectes, etc., et, laissant encore une fois mon camp à la garde de mes fidèles serviteurs, je me rendis avec mon chariot chez M. Mulder : obligé de rebrousser chemin, comme on l'a vu, pour trouver un passage, je m'étais considérablement rapproché de sa demeure. Il se chargea de faire passer ma pacotille et de nouvelles lettres à M. Boers par la première occasion. Je pris enfin congé de sa vénérable famille, que je ne devais plus revoir, et je rejoignis mon camp.

Dès le lendemain, de grand matin, nous grimpâmes la montagne, non sans beaucoup de peine et de fatigues; mais ce ne fut rien en comparaison de celles que nous causa sa descente; j'en fus effrayé : quand nous l'aperçûmes d'abord, chacun de nous se regarda sans proférer un seul mot, comme des gens pris au piége sans s'y être attendus. Nous ne pouvions cependant demeurer sur le pic; il fallait bien descendre d'un ou d'autre côté. Nous nous sauvions de Charybde pour tomber dans Scylla. Toujours persuadé que la patience et les précautions triomphent des plus grands obstacles, j'avais peine à croire que cette entreprise fût plus impraticable pour ma caravane que ne l'avait autrefois été le passage des Alpes à des armées innombrables, et je me préparai, pour ainsi dire, au saut périlleux. Je pris soin de ne faire descendre mes voitures que les unes après les autres. Je voulus qu'elles ne fussent attelées que de deux bœufs. Je fis avancer la première en bon ordre; tout mon monde l'escortait. Il nous fallut passer tantôt sur des pointes de rochers entièrement isolés, qui, faisant autant de degrés escarpés, donnaient à ce chariot des saccades à le rompre tout à fait; mais ce n'était pas là ce qui nous paraissait le plus dangereux; au moyen des câbles que nous avions attachés aux roues, nous les soulevions ou les laissions rouler au besoin. C'étaient les places unies et les pentes glissantes qui nous faisaient frémir; à chaque instant je voyais dériver la voiture et les bœufs jusqu'aux bords des précipices. Nous marchions sur les côtés opposés aux pentes, en pesant avec force sur les cordages attachés au chariot. Nous dûmes à notre adressse un entier succès. Nous remontâmes pour chercher les deux autres voitures; et après beaucoup de temps toute la caravane arriva heureusement au pied de la montagne. Il me semblait que la nature m'avait opposé cette barrière comme un obstacle qui m'interdisait l'entrée de ce nouveau pays, et que c'était là qu'elle avait caché son plus beau trésor; j'en étais d'autant plus irrité; je savais que cette route d'Auteniqua à Lange-Kloof passait pour impraticable chez les naturels du pays, et que personne avant moi ne s'y était hasardé avec des voitures. Il n'en fallait pas davantage à l'amour-propre; j'eus le bonheur de franchir ces rochers; mais, comme si la punition avait dû suivre de près une aussi téméraire tentative, je me trouvai dans le plus noir et le plus affreux des déserts.

Ce n'était plus ce délicieux et fertile pays d'Auteniqua; la montagne que nous venions de traverser, disons mieux, dont nous venions de nous précipiter, nous en séparait à jamais. Elle ne pouvait plus nous offrir ces forêts majestueuses que nous avions si longtemps admirées; tout le revers de sa chaîne était hideux, pelé, sans aucun arbre, sans aucune apparence de verdure. Une autre chaîne parallèle à celle-ci semblait porter à regret quelques plants

E. Girardet del. Dansie sc.

UNE CHASSE EN AFRIQUE.

chétifs et contournés de ce bois qu'on nomme wageboom. C'est cette chaîne qui, resserrant beaucoup ce pays et n'en faisant qu'une gorge interminable, lui a valu le nom de Lange-Kloof (vallée longue).

Mon intention étant de tirer au nord, je fis sept heures de marche en longeant cette vallée maudite, et nous traversâmes de nouveau le Queur-Boom. Cette rivière n'est ici qu'un médiocre ruisseau; mais deux mois auparavant elle m'avait bien effrayé, lorsqu'à son embouchure, pour aller chercher mon balbuzard, je m'y étais lancé avec trop de précipitation, et avais failli m'y noyer. Continuant toujours notre marche avec tristesse, après quelques campements non moins ennuyeux et vingt-deux heures de marche je passai une autre rivière encore, qui porte bien son nom, le Krom-Rivier (la rivière courbe). Elle fait tant de tours et de détours, que nous la trouvions sans cesse sur notre chemin. Je la traversai dix fois. A mesure que nous avancions, les deux chaînes de montagnes paraissaient se rapprocher exprès, et le pays se rétrécissait considérablement; la vallée n'était presque plus qu'une ravine marécageuse, qui pendant six grandes lieues donna beaucoup de peine à mes bœufs. Nous revîmes encore une fois le Krom-Rivier; mais ce fut pour la dernière. Il prenait sa route vers l'est, où il va se jeter à la mer; et nous tournâmes tout à fait au nord. J'abandonnai là un de mes chevaux malade, auquel il n'était plus possible de nous suivre. Je ne voulus pas m'arrêter pour une cure qui peut-être n'eût pas réussi; je pensai qu'il était plus simple de lui laisser à lui-même le soin de sa conservation.

Le Lange-Kloof a, dans sa longueur, quelques misérables habitations qui ressemblent moins à la demeure des hommes qu'à des tanières d'animaux. On y nourrit un peu de bétail. Lorsque le vent d'est vient frapper ces contrées sauvages, le froid y est excessif; je l'ai senti depuis le premier jour jusqu'au dernier. Nous avions tous les matins de la glace ou des gelées blanches. Je ne sais pas combien cette vallée de désolation a de longueur précise; mais je suis sûr d'avoir employé quarante-six heures de marche pour la traverser.

Après m'être avancé sept à huit lieues, je franchis le Diep-Rivier (la rivière profonde); et dix lieues plus loin, le 7 août, nous campâmes sur les bords de celle du Gamtoos. Elle tire son nom d'un infortuné capitaine qui dans une tempête avait fait naufrage à son embouchure.

Une demi-heure avant d'arriver, il nous avait fallu descendre encore une montagne fort escarpée et très-dangereuse; deux de mes bœufs y furent éventrés. Je dus cette perte à celui de mes gens qui conduisait la deuxième voiture, et s'en était imprudemment écarté.

Combien nous fûmes dédommagés, à l'aspect de ce pays brillant et nouveau, de l'ennui que nous éprouvions depuis plusieurs jours au milieu des chemins détestables et des glaces de la vallée de Lange-Kloof!

Le premier jour de mon campement, vers le milieu de la nuit, couché dans ma tente, mais ne dormant pas encore, je crus entendre un bruit qui n'était pas ordinaire. Je prêtai l'oreille avec attention; je ne m'étais point trompé : c'étaient des cris et des chants qui ne me paraissaient pas venir de fort loin. J'appelai aussitôt mes gens, qui me dirent qu'ils entendaient aussi un bruit confus; mais étaient-ce des Hottentots? étaient-ce des Cafres? Je devais redouter ceux-ci; non qu'ils soient, comme d'ignorants écrivains les dépeignent, plus altérés de sang humain que les autres sauvages, mais parce que les traitements odieux que leur font essuyer les colons les portent davantage à la guerre, et que la vengeance est de droit naturel. Je rapporterai bientôt plusieurs faits qui montreront mieux que de vains raisonnements lequel est le barbare d'un sauvage ou d'un blanc.

C'était assez de cette couleur pour être confondu parmi les victimes de leur colère. Je fis mettre tout mon monde sous les armes, et nous nous éloignâmes du camp. A mesure que nous marchions, le bruit était plus distinct, et nous vîmes les feux. Je ne pouvais me persuader que ce fussent des Cafres; ils se seraient trahis eux-mêmes; en vain l'artifice a recours aux ombres de la nuit, s'il ne lui emprunte encore son silence.

Je me postai dans une embuscade, afin de les surprendre s'ils venaient à passer pour piller mon camp, et je détachai deux de mes gens pour aller à la découverte. Ils revinrent aussitôt, et m'apprirent que nous n'avions eu qu'une fausse alarme, et que c'était une horde hottentote qui chantait et se divertissait. Je me rassurai, et fus même enchanté de cette nouvelle, qui me promettait pour le lendemain une entrevue intéressante. Nous gagnâmes notre gîte, et chacun se rendormit tranquillement.

De bon matin, je fus de nouveau réveillé par des ramages qui n'étaient pas moins de mon goût : c'étaient des oiseaux que je ne connaissais point, et que je n'avais jamais entendus. Je les trouvai magnifiques. Je fus ébloui par le brillant et le changeant des étourneaux cuivrés, du sucrier à gorge améthyste, du couroucoucou, du martin-chasseur et de beaucoup d'autres. Je vis aussi des espèces que j'avais déjà rencontrées.

Le gibier me parut aussi fort abondant; je voyais surtout défiler devant moi des compagnies innombrables de faisans et quelques gazelles bosbock. La facilité de me procurer tous ces animaux, que je n'avais trouvés nulle part en grande partie, me causa beaucoup de joie.

Pendant que je m'amusais à tirer des oiseaux, je permis à mes Hottentots d'aller reconnaître et visiter les leurs. La connaissance fut bientôt liée avec cette horde sauvage; je me rendis à mon tour auprès d'elle; nous fûmes bientôt satisfaits les uns des autres. Leurs femmes s'habituèrent à nous apporter tous les soirs une grande quantité de lait. Ces gens étaient riches en bestiaux, ils me firent présent de quelques moutons; ils y ajoutèrent encore une paire de magnifiques bœufs pour mes attelages. Ne voulant point être en reste avec eux, je leur donnai du tabac, des briquets et quelques couteaux.

J'appris qu'à l'embouchure de cette rivière je pourrais rencontrer des hippopotames; je n'en avais point encore vu; je n'étais éloigné de la mer que de quatre à cinq lieues. A portée, pour la première fois, de connaître cette espèce de quadrupèdes, je me hâtai de partir. Mais la rivière était si large, ses bords se trouvaient tellement obstrués par de grands arbres, que toutes mes peines et mes recherches furent inutiles; je passais les journées le long du rivage; pendant la nuit je me mettais à l'affût, dans l'espérance de les voir sortir de l'eau pour brouter; jamais je n'eus la satisfaction d'en joindre ou même d'en voir un seul. En revanche, l'éléphant, et plus encore le buffle, étaient si faciles à tuer, que nous regorgions de vivres. Mieux armés qu'eux, nous en fournissions abondamment à nos voisins.

Mes façons engageantes m'avaient gagné la confiance et l'amitié de ces bons sauvages; ils avaient de moi une si haute opinion, qu'ils n'entreprenaient rien sans me consulter. Un jour, ils vinrent se plaindre des hyènes du pays, qui désolaient et ravageaient leurs troupeaux. J'ajoutai d'autant plus de foi à leurs discours, que je venais d'avoir moi-même un de mes bœufs dévoré par ces animaux. Enchanté de faire cette chasse avec eux, je leur assignai jour pour le lendemain. Dès le matin je les vis arriver tous à ma tente; il étaient au moins cent hommes bien armés d'arcs et de flèches. J'y joignis tous mes chasseurs, et, me mettant à leur tête, nous battîmes avec nos chiens tout le pays. J'avais espéré, avec tant de monde, détruire jusqu'à la dernière de ces bêtes féroces; mais trois coups de fusil, qui en avaient mis trois à bas, dissipèrent apparemment tout le reste : nous n'en rencontrâmes plus du tout; le bruit les avait rejetées au loin; en sorte que de ce moment-là jusqu'à notre départ il ne fut pas plus question d'hyènes que s'il n'en eût jamais existé.

Quelques jours après nous eûmes une alerte qui pouvait devenir sérieuse; au milieu de la nuit, nous fûmes tous en même temps réveillés par un bruit épouvantable : c'était un troupeau d'éléphants qui défilait et frisait notre camp. Ils étaient par centaines. J'éprouvais des transes affreuses, que mes gens partageaient bien, chacun en son particulier;

nous ne nous avisâmes pas d'insulter ces énormes bataillons, ni de leur disputer le passage. Mon camp, mes animaux, mes voitures et tout mon monde eussent été pulvérisés en un clin d'œil. Ils ne s'arrêtèrent point, et mon camp fut respecté.

A la pointe du jour nous revîmes nos voisins; ils avaient eu pour eux les mêmes terreurs. Ils venaient m'avertir que, si je rencontrais jamais cette espèce, il fallait bien me donner de garde de tirer; que les éléphants que nous avions vus étaient dangereux, et beaucoup plus méchants que les autres. Ils m'assuraient que la chair n'en valait rien, qu'elle donnait des ulcères à quiconque en mangeait; qu'en un mot, c'étaient des éléphants rouges. Des éléphants rouges! ce mot seul me dónnnait envie de les voir, et me promettait de nouvelles connaissances à acquérir; car jamais je n'avais lu ni entendu dire qu'il y cût des éléphants rouges.

Ces animaux, retirés dans le bois, avaient gagné un fond couvert d'énormes buissons; il n'eût pas été prudent de les trop approcher; je fis filer des Hottentots par derrière pour former une enceinte, avec ordre de mettre le feu, de distance en distance, aux herbes sèches, et de tirer des coups de fusil, afin de les obliger de passer au pied d'un grand rocher sur lequel je m'étais posté avec mes meilleurs chasseurs tireurs; nous ne pouvions y courir aucune espèce de danger.

Mes traqueurs me secondèrent merveilleusement. Aussitôt que les coups de fusil eurent donné l'alarme, toute la troupe épouvantée se présenta devant moi; une douzaine de décharges, auxquelles ils ne s'attendaient pas, les fit reculer avec précipitation et dans le plus grand désordre. J'essaierais en vain de rendre les signes multipliés de leur fureur; ils se voyaient poursuivis, d'un côté, par le feu des broussailles qui les gagnait par derrière; de l'autre, par mes décharges au seul passage qui leur restât pour échapper à la mort. Ils s'agitaient autant que pouvaient le permettre la pesanteur et l'énormité de leurs masses; leurs cris assourdissants, et le craquement des arbres qu'ils brisaient pour reculer ou pour fuir, formaient un choc, un tumulte épouvantable, dont le spectacle m'effrayait moi-même, quoique je fusse à l'abri sur mon rocher et que je ne pusse être inquiété en aucune façon. Nous en avions blessé un, qui s'était un moment écarté de l'enceinte, mais qui venait d'y rentrer; confondu avec les autres, il nous eût été difficile de l'ajuster de nouveau. A la nature de ses mugissements, je pensai qu'il était bien frappé et ne tarderait pas à expirer; nous ne jugeâmes pas à propos d'aller à lui, bien certain qu'il ne pourrait nous échapper.

Je n'avais eu d'autre dessein dans cette nouvelle chasse que de me procurer un de ces animaux, qu'on disait d'une espèce différente de tous ceux que j'avais vus jusque-là; satisfait d'en avoir blessé un, et le tenant pour mort, je remis au lendemain à le trouver; en conséquence je rappelai tous mes gens, et nous regagnâmes le camp.

J'avais, en effet, été frappé de la couleur rougeâtre de ces animaux, et je trouvais ce phénomène extraordinaire; mais ayant remarqué que la terre sur laquelle nous étions alors avait à peu près la même teinte, et réfléchissant que l'éléphant aime et passe une partie de son temps à se vautrer dans les endroits humides et marécageux, je me doutai que cette couleur n'avait d'autre cause, et qu'elle était factice.

J'en fus mieux convaincu lorsque, revenu au bois le lendemain matin avec tout mon monde, je trouvai notre éléphant mort; chacun demeura persuadé que nos voisins s'étaient trompés; et, quoi qu'ils nous eussent dit du danger qu'il y avait de manger de cette espèce, mes gens coupèrent la trompe pour moi, et prirent pour eux les autres parties de l'animal. J'ai quelquefois rencontré par la suite des colons qui croyaient aux éléphants rouges : quelques peines que j'aie prises à les détromper, je n'ai rien pu gagner sur ces esprits prévenus; ils soutenaient le préjugé par le préjugé même.

C'était une femelle que j'avais tuée; elle avait neuf pieds trois pouces de hauteur; l'une de ses défenses pesait treize livres, l'autre dix; cet animal a toujours la défense gauche plus courte et moins lourde que la droite; elle est aussi plus polie et plus luisante; cette différence provient, comme je l'ai dit, de ce que c'est toujours de droite à gauche que la trompe porte la nourriture à la bouche; les faisceaux de branchage dont l'animal se nourrit nécessitent un frottement continuel sur cette défense, tandis que la droite n'est presque jamais touchée; en outre, c'est avec la même que l'animal est habitué à sonder la terre, et, par les trous plus ou moins larges qu'il y fait, on peut juger quelle est sa taille.

Je commençais à prendre plaisir à cette chasse, que je trouvais enfin bien moins dangereuse que divertissante. Je ne pouvais comprendre, et l'ai moins compris encore par la suite, pourquoi les auteurs et voyageurs ont farci de tant de mensonges les récits qu'ils nous ont faits des forces et des ruses de cet animal; pourquoi ils ont si fort monté l'imagination sur les dangers auxquels s'exposent les chasseurs qui les poursuivent. A la vérité, qu'un étourdi soit assez téméraire pour attaquer un éléphant en rase campagne, il est mort s'il manque son coup; la plus grande vitesse de son cheval n'égalera jamais le trot de l'ennemi furieux qui le poursuit; mais si le chasseur sait prendre ses avantages, toutes les forces de l'animal doivent céder à son adresse et à son sang-froid. J'avoue que sa première vue cause une sorte de stupeur; elle est imposante, effrayante; mais avec un peu de courage et de sang-froid on s'accoutume bientôt à son aspect. Avant de se livrer à cette grande chasse, un homme prudent doit s'attacher à découvrir le caractère, la marche et les ressources de l'animal; il doit surtout, selon les circonstances, s'assurer des retraites pour se mettre à l'abri de tout péril, s'il arrivait que, l'ayant manqué, il en fût poursuivi. Au moyen de ces précautions, cette chasse n'est plus qu'un exercice amusant, un jeu dans lequel il y a cinquante contre un à parier pour le joueur.

Tant que je restai dans ce canton, je variai mes campements avec mes occupations; mais toujours je m'attachai aux bords riants du Gamtos. J'y fis une ample moisson de raretés, et ma collection s'y accrut sensiblement.

Le 11 septembre, à six heures du matin, nous décampâmes; j'en avais donné connaissance à la horde voisine. C'était avec le plus sincère et le plus vif regret qu'elle nous voyait partir; moi-même je m'en séparai avec peine. Ces bonnes gens m'avaient inspiré de l'attachement. Tant de douceur et de simplicité, me disais-je, peuvent-ils attirer tant de mépris? Sont-ce donc là ces sauvages de l'Afrique avides du sang des étrangers, et qu'on n'aborde qu'avec horreur? Cette bonhomie et cette affabilité me donnaient d'autant plus de confiance, que j'étais réellement alors plongé dans le désert, et que rien ne me présageait des dangers pour la suite. Tout ce pays, qui n'est habité que par des hordes de Gonaquois, diffère essentiellement de celui des Hottentots de la colonie. Ces peuples n'ont entre eux aucune relation directe. Ceux-là sont appelés *Hottentots sauvages*. Toute la horde, qui éprouvait le plus grand chagrin de se séparer de nous, nous accompagna jusqu'à la rivière Louise, à quatre lieues de Gamtos. Nous nous arrêtâmes pour prendre congé de nos bons amis, les régaler de quelques verres d'eau-de-vie et de quelques pipes de tabac.

Après leur départ nous continuâmes notre route; mais un gros orage nous força de nous arrêter à Galgebos. Il était cinq heures du soir; le lieu ne manquait pas d'agréments; j'y aurais volontiers séjourné quelque temps; mais il n'y coulait pas un seul ruisseau. Nous allâmes donc à deux lieues de là passer la rivière Van-Staade, et dételer à sept heures sur le bord d'une mare qui pouvait abreuver toute la caravane.

La horde dont je venais de me séparer était venue dès le matin m'apporter dans mon camp une bonne provision de lait; j'en avais placé une cruche presque remplie sur mon chariot, dans l'intention de m'en servir en route pour me désaltérer; l'orage que nous avions essuyé m'avait tellemeni rafraîchi, que je n'y avais pas touché. Le soir, les feux étant faits, je voulus distribuer le lait à mes gens; mais il était tourné : je le fis jeter dans une chaudière pour en régaler mes chiens. Combien ne fus-je pas émerveillé d'y trouver le plus excellent et le plus beau beurre ! j'en étais redevable aux cahotements de la voiture, qui l'avait battu pendant la route. Cette découverte, que je mis en pratique dans tout mon voyage, me procurait, outre le beurre frais, un petit-lait salutaire dont je faisais fréquemment usage, et qui sans doute contribua à me tenir vigoureux et bien portant.

Le jour suivant, un second orage nous empêcha de partir; il était affreux. Il tomba des grêlons aussi gros que des œufs de poule; mes bestiaux en souffraient de manière à m'inquiéter beaucoup. Je fus obligé de tuer une de mes chèvres mortellement blessée; ce fut une perte réelle. Je la regrettai beaucoup; elle était près de mettre bas.

Mais enfin, le temps ayant changé, nous abandonnâmes notre mare; et vers le milieu de la journée, après avoir traversé les deux rivières, le petit et le grand Swaar-Kops, je fis dételer sur le bord de cette dernière. Je venais d'apercevoir des empreintes que je ne connaissais pas; quelques-uns de mes gens à qui je les fis remarquer m'assurèrent que c'étaient des pas de rhinocéros. Tandis qu'on mettait ordre à mon camp, je suivis la trace; mais la nuit qui survint me la fit perdre, et je retournai sans avoir rien vu. Nous avions sur cette rivière, qui était considérable, une autre horde de sauvages. Le kraal était composé de neuf ou dix huttes, et fourni de cinquante à soixante personnes tout au plus. Ces gens me conseillèrent de ne point passer la rivière Bossiman, qui coule près de la côte; ils me disaient qu'il était plus à propos de couper sur ma gauche et de gagner davantage l'intérieur du pays, pour éviter une troupe nombreuse de Cafres qui jetait l'alarme et mettait tout à feu et à sang dans le canton; que de tous côtés ce n'étaient que désordre et pillages, campagnes ravagées, habitations dévastées et réduites en cendres; que les propriétaires, pour échapper à une mort prompte et sûre, avaient tout abandonné, traînant derrière eux quelques faibles restes de leurs troupeaux; qu'en un mot je ne devais pas m'approcher de la Cafrerie. Un avertissement aussi brusque me sembla imposant d'abord. J'assemblai aussitôt mon monde; on tint conseil sur le parti qu'il fallait prendre. J'étais bien aise d'approfondir les dispositions de tous. Il résulta de ce concert unanime, assez conforme à mes desseins cachés, que nous éviterions d'abord, autant que cela ne nous rejetterait pas trop loin, cette dangereuse troupe de Cafres; que, comme nous en étions fort près, nous serions toujours sur nos gardes jour et nuit; que, pour éviter toute surprise, nous ne camperions plus qu'en rase campagne; que nos bœufs seraient gardés à leur pâture par quatre hommes avec leurs fusils; que mes chevaux ne quitteraient plus le piquet, afin qu'en cas d'alarme ils fussent toujours sous notre main; mon grand fusil bien chargé devait rester au camp, et trois coups tirés à des intervalles égaux étaient le signal de ralliement pour ceux que leurs occupations diverses auraient trop éloignés du centre commun.

Nos précautions aussi bien prises et connues de tout le monde, je montai à cheval, et, suivi de deux de mes gens bien armés, je fis une patrouille rigoureuse, afin de découvrir si dans les environs il ne rôdait pas quelques Cafres, et de fusiller impitoyablement le premier que j'aurais vu caché dans l'intention de nous surprendre, s'il m'était impossible de l'enlever vivant. Rien ne se présenta. Je poussai plus avant dans l'après-dînée. La rivière, jusqu'à son embouchure, était bordée d'arbres épineux, la terre sablonneuse couverte de buissons et peuplée d'un abondant gibier. J'en tuai quelques pièces par prévision. Nous ne vîmes rien paraître qui dût nous inquiéter. Convaincu que nous n'avions pour le moment rien à redouter de ces Cafres si terribles, dès le lendemain je fis lever le camp, et nous quittâmes le Swaar-Hops.

La horde de Hottentots, effrayée au seul nom de ces cruels vengeurs, se proposait d'aller s'établir plus loin, pour n'être plus dans le voisinage de la Cafrerie. Lorsqu'elle me vit près de partir, elle me demanda la permission de me suivre et de se mettre sous la protection de mon camp. Je leur accordai cette grâce ; et, quoique dans le fond je fusse enchanté de leur proposition, je m'en fis adroitement un mérite, autant dans le dessein de les tenir sous ma dépendance, que pour rassurer mes gens par ce simulacre imposant et soutenir leur courage. Je ne pouvais rien désirer de plus favorable ; je renforçais ma troupe, et j'avais, par-dessus les ressources particulières de cette horde, l'avantage de ma petite artillerie, qui pouvait faire face à des nuées de zagaies (1) et anéantir tous les efforts d'une armée de sauvages, si j'étais bien secondé. En moins de deux heures, les cabanes furent démontées, empa-

(1) Espèce de lance dont se servent les Cafres avec beaucoup d'adresse.

quetées et mises avec les autres effets sur le dos des bœufs auxiliaires.

Je fis d'abord partir avant moi la moitié des hommes de cette horde avec tous leurs bestiaux ; je leur donnai deux de mes gens bien armés pour les escorter; ils emmenaient aussi un de mes chevaux, afin qu'en cas d'accident ils pussent m'en donner plus promptement connaissance.

Une heure après, je fis filer nos relais, vaches, moutons et chèvres, et toutes les femmes de la horde avec leurs enfants, montés sur leurs bœufs : une partie de leurs hommes marchaient derrière. Cette compagnie était encore escortée par six de mes chasseurs. Mes trois voitures suivaient avec le reste de mes gens, tous armés. Enfin, monté sur mon meilleur cheval, pour avoir l'œil à tout, je galopais sur les ailes, à droite, à gauche, en avant, en arrière, dans la crainte où j'étais sans cesse de quelque embuscade; car je puis assurer que, le chef une fois démonté, on eût fait de toute la caravane une boucherie horrible, et cela en un moment.

J'étais armé de toutes pièces. Je portais une paire de pistolets à deux coups dans les poches de mes culottes; une autre paire pareille à ma ceinture; mon fusil à deux coups sur l'arçon de ma selle ; un grand sabre à mon côté, un cric ou poignard à la boutonnière de ma veste. J'avais dix coups à tirer dans le moment. Cet arsenal me gênait un peu dans les commencements; cependant je ne le quittai plus, autant pour ma propre sûreté que parce qu'il sembla que j'augmentais, par cette précaution, la confiance de chacun ; mes armes répondaient sans doute de mes résolutions : dans cette pensée l'on suivait tranquillement son chemin, se reposant sur moi du soin de la défense.

Cette caravane en marche était un spectacle unique, amusant, je pourrais dire magnifique. Les sinuosités qu'elle était obligée de faire en suivant les détours des rochers et des buissons, lui donnaient continuellement de nouvelles formes ; et ce point de vue variait à chaque instant. Quelquefois elle disparaissait entièrement à mes regards, et tout à coup, du haut d'un tertre, je découvrais à vue d'oiseau dans le lointain mon avant-garde qui s'avançait lentement vers le sommet d'une montagne, tandis que le corps principal, qui suivait sans tumulte et dans le plus bel ordre les traces de ceux qui les avaient précédés, n'était encore qu'à mes pieds ; les femmes donnaient à teter, à manger et à boire à leurs enfants, assis à côté d'elles sur leurs bœufs ; les uns pleuraient, d'autres chantaient ou riaient ; les hommes, en fumant une pipe, causaient entre eux et n'avaient plus l'air de gens qui fuient pleins d'épouvante l'approche d'un ennemi cruel.

Un peu plus inquiet que ces machines ambulantes, j'avais les yeux ouverts sur ma position critique, et je philosophais de mon côté sur ma bête. A trois mille lieues de Paris, seul de mon espèce parmi tant de monde, entouré, guetté par les animaux les plus féroces, j'étais tenté de m'admirer, conduisant pour la première fois dans les déserts d'Afrique une peuplade de sauvages qui, volontairement soumise à mes ordres, les exécutait aveuglément, et s'en était remis à moi seul du soin de sa conservation. Je n'avais rien à craindre d'eux collectivement pris ; cependant j'en voyais qui m'auraient fait trembler, si corps à corps il n'y avait eu entre eux et moi d'autre juge que la force; mais au fond j'étais assez convaincu que là comme ailleurs ce n'est pas le plus fort, mais le plus adroit, qui commande.

Nous n'étions pas encore bien avancés, quand mes chiens, qui rôdaient de côté et d'autre dans les buissons, se mirent tous à aboyer et à tenir. La peur s'empara de tout le monde. Ce ne pouvait être, disait-on, qu'une embuscade de Cafres. Je me prêtais difficilement à leurs raisonnements absurdes. Comment concevoir que mon avant-garde eût passé sans être inquiétée? et je venais de l'apercevoir qui suivait paisiblement sa route, sans aucune apparence de désordre; je piquai des deux, et lorsqu'à travers les buissons je fus arrivé sur la voie, je fus bien étonné de ne voir qu'un porc-épic qui se défendait au milieu de mes chiens; je le tuai sur-le-champ, et, dans la crainte que ce coup de fusil ne fît faire quelque sottise à mes gens, je revins auprès d'eux. Par mes plaisanteries sur leurs terreurs paniques, ils purent juger que je ne me démontais pas aisément.

Le porc-épic se défend à merveille. Ses piquants le mettent à l'abri de toute atteinte; lorsque le chien l'approche, celui-là prend sa belle et se jette de côté sur lui; une fois touché, le chien ne revient plus à la charge. Il lui reste toujours dans les chairs quelques-uns des piquants; cela le décourage et le fait fuir. Un de mes Hottentots fut incommodé pendant plus de six mois pour en avoir été blessé à la jambe.

M. Mallard, officier au régiment de Pondichéry, se trouvant au cap de Bonne-Espérance, fut piqué en harcelant un de ces animaux ; il s'en fallut peu qu'il ne perdît la jambe ; et, malgré tous les soins qu'on prit de sa personne, il souffrit cruellement pendant quatre mois entiers, dont il passa le premier dans son lit.

Au reste, le porc-épic est un excellent manger ; on le voit avec plaisir sur les tables les mieux servies du Cap, lorsqu'il a été soigneusement fumé.

Après une heure et demie de marche je fis halte ; mais nous n'arrêtâmes que le temps qu'il fallait pour ramasser une bonne provision de sel sur les bords d'un lac d'eau salée, qui se trouvait près de notre chemin ; et, deux lieues plus loin, je pris les devants pour aller visiter une habitation que j'apercevais à notre gauche. Elle avait été saccagée et brûlée par les Cafres ; il n'en existait plus que quelques pans de murs tout noircis et calcinés par les flammes, image bien horrible dans le fond d'un désert !

Une heure après, je trouvai mon avant-garde arrêtée sur les bords du Kouga ; nous y plantâmes le piquet.

Ce Kouga n'est, à proprement parler, qu'un ruisseau ; encore l'eau n'y coulait-elle presque pas ; il n'en était resté que dans des creux où nous trouvâmes quantité de tortues excellentes ; mais elles étaient très-petites ; la plus forte ne pesait pas trois livres. Je fis faire avant la nuit un abatis de branchages pour former une espèce de parc autour de mes bêtes ; pendant ce temps-là les femmes ramassaient de côté et d'autre tout ce qu'elles pouvaient trouver de bois sec, afin d'alimenter plusieurs feux qu'il était indispensable de tenir allumés en divers endroits, dans la crainte d'être surpris, soit par les Cafres, soit par les lions, qui devenaient très-communs dans ce canton. Nous y restâmes jusqu'au 20. Les vivres commençaient à manquer; j'eus le bonheur de tuer trois buffles et deux bubales.

Les bords du ruisseau me procurèrent quelques pintades absolument semblables à celles d'Europe; bouillies longtemps, elles étaient très-bonnes; mais rôties ou sur le gril, on n'en pouvait tirer aucun parti; elles étaient apparemment trop vieilles; je trouvai aussi quelques espèces nouvelles de très-jolis oiseaux, les barbus entre autres.

Nous remontâmes ensuite le Kouga dans l'ordre que nous avions observé jusqu'alors; il y avait à peine une heure que nous marchions lorsque mon avant-garde, qui s'était arrêtée, m'envoya dire qu'elle trouvait des empreintes de pieds d'hommes; la peur leur persuadait à tous que c'étaient des pieds de Cafres; ils ne voyaient partout que Cafres. J'accourus; les traces ne me parurent pas bien fraîches; cependant, comme cette découverte devenait très-sérieuse, je sentis qu'il n'y avait rien à négliger, ni temps à perdre pour se mettre en bon état de défense; je fis halte; et, tandis que tout le monde travaillait à parquer les bœufs et à ranger le camp, accompagné de mes deux chasseurs intrépides, je partis encore pour aller à la découverte. Nous suivîmes la trace pendant plus d'une heure; elle nous conduisit dans un endroit où nous trouvâmes les restes d'un feu qui n'était pas encore éteint, et quelques os de mouton fraîchement rongés. Il était très-évident que les sauvages qui s'étaient arrêtés là y avaient passé la nuit; mais, à la vue des os rongés, j'avais bien de la peine à croire que ce fussent des Cafres, parce que cette nation n'élève point de bêtes à laine. A la vérité, il était possible qu'ils en eussent ou pillé ou trouvé chez leurs ennemis. Dans l'incertitude où me jetaient mes réflexions, je résolus de pousser encore plus avant; enfin, las de parcourir et de battre la campagne, voyant que ces traces nous écartaient trop et nous jetaient dans une route opposée à celle que nous devions tenir, nous rejoignîmes le camp. La nuit suivante fut assez tranquille; mais le jour survint avec un orage terrible; une pluie continuelle nous força de rester clos dans nos tentes, et le lendemain nous eûmes le désagrément de traverser quatorze fois de suite le malencontreux Kouga, qui de quart d'heure en quart d'heure venait impitoyablement nous barrer le chemin, ne nous donnait pas le temps de nous reconnaître, et par-dessus tout faisait danser horriblement nos voitures sur les cailloux roulants de son lit et les éclats de rocher qu'il charriait dans son cours. Ce manége fatigant et répété tant de fois nous força de passer la nuit près d'un petit torrent appelé Drooge-Rivier (rivière sèche). Nos attelages étaient trop harassés pour nous conduire plus avant; les circonstances ne nous permettaient pas non plus de songer à faire de grandes marches : il fallait trop de temps, lorsque nous arrivions, pour ranger le camp, s'occuper des soins et de la nourriture d'une centaine d'animaux, faire bouillir les marmites pour un nombre encore plus considérable de personnes, veiller à la sûreté de tous ces individus, faire le bois pour les feux, et les entretenir toute la nuit; ces détails devenaient bien pénibles et pourtant indispensables.

Ce soir-là nos chiens s'avisèrent de vouloir être

nos pourvoyeurs. Le pays était rempli de pintades; au coucher du soleil, tous ces animaux s'étaient perchés par centaines pour passer la nuit sur les arbres qui nous environnaient. Ils faisaient un caquetage continuel et désagréable; mais il servit du moins à quelque chose, et ces oiseaux maladroits se décelèrent eux-mêmes; car nos chiens, qui les entendaient, se mirent à courir et à aboyer au pied des arbres. Les pintades auraient bien voulu fuir; mais la pesanteur de leur corps et la trop petite envergure de leurs ailes ne leur permettant pas de prendre leur vol de dessus les arbres, obligés pour cela de courir et de s'élancer de la terre, c'est dans ce moment que nos chiens les attendaient au passage, et les démontaient d'un coup de dent. Cette façon de chasser nous procura de ces animaux en quantité, sans qu'il nous en coûtât une seule charge de poudre. Le lendemain je voulus employer le même manége; mais les pintades, mieux instruites par leur sort de la veille, ne descendirent point; au reste un seul coup de fusil produisit tout l'effet que j'en avais espéré.

Pendant la nuit, quelques lions se firent entendre dans le lointain.

Le 23, après six heures de marche, nous arrivâmes à une grande et belle rivière, le Sondag. Elle était à plein bord; le temps tournait à la pluie; la crainte d'être encore arrêtés par un débordement nous fit prendre le parti de traverser sur des radeaux. Je fis couper le bois nécessaire pour cette construction, et de plus celui qu'il nous fallait pour l'entourage ordinaire de nos bestiaux lorsque nous serions campés: après quoi je fis embarquer mes voitures pièce à pièce, tous les effets et la moitié du monde. Ils allèrent camper de l'autre côté de la rivière, sous la conduite de Swanepoël; les bestiaux passèrent à la nage, comme ils avaient fait dans les occasions précédentes; et, le jour suivant, avec le reste de la troupe et des effets, je traversai à mon tour le torrent sur mon radeau. Les préparatifs, l'exécution et le rétablissement de toutes choses nous occupèrent jusqu'au dernier du mois.

Dans l'intervalle, je m'étais procuré plusieurs oiseaux; j'avais fait saler plusieurs coudous; mais j'avais failli perdre mon pauvre Keès. Ce détail fera connaître, mieux que tout ce que je pourrais dire, ma manière uniforme et simple de passer mes jours.

J'étais près de dîner, et je dressais sur un plat des haricots secs que je venais de fricasser, lorsque j'entendis tout à coup le ramage d'un oiseau que je ne connaissais pas. J'eus bientôt oublié et la cuisine et le dîner. Je prends mon fusil et m'élance hors de ma tente. Je revins au bout d'un quart d'heure, satisfait de ma course et tenant mon oiseau à la main. Je fus grandement surpris, en rentrant, de ne plus trouver une seule fève sur ma table; c'était un tour de Keès; mais je l'avais si bien étrillé la veille pour m'avoir volé mon souper, que je ne concevais pas qu'il l'eût sitôt oublié, ou qu'il eût mis si peu d'intervalle entre la punition et ce nouveau délit. Cependant il avait disparu; comme il attendait toujours la nuit pour se remontrer lorsqu'il avait fait quelque sottise, je savais bien qu'il ne pourrait m'échapper : c'était ordinairement à l'heure de mon thé qu'il se glissait sans bruit, et venait se mettre près de moi à sa place accoutumée, avec l'air de l'innocence et comme s'il n'eût jamais été question de rien. Ce soir-là il ne reparut pas, et le lendemain, personne ne l'ayant vu, je commençai à prendre de l'inquiétude et à craindre qu'il n'eût disparu tout à fait. J'en aurais été d'autant plus désolé, qu'outre qu'il m'amusait sans cesse il m'était réellement fort utile, et me rendait des services que je n'aurais pu remplacer par d'autres. Mais, le troisième jour, un de mes gens qui revenait de chercher de l'eau m'assura qu'il l'avait vu rôder dans le bois voisin, mais que le drôle s'y était enfoncé dès qu'il l'avait aperçu. Je me mis aussitôt en campagne ; je battis avec mes chiens les environs. Tout à coup j'entendis un cri pareil à celui qu'il faisait toujours lorsqu'il me voyait arriver de la chasse, et que je n'avais pas voulu l'emmener avec moi ; je m'arrête, je cherche des yeux ; enfin je l'aperçois qui se cachait à moitié derrière une grosse branche dans l'épaisseur d'un arbre. Je l'appelle amicalement, je l'engage par toutes sortes de bonnes paroles à descendre et à venir avec moi ; il ne se fie point à ces signes de mon amitié et de la joie que me causait sa rencontre, il me force à grimper sur l'arbre pour l'aller chercher. Il ne fuit pas et se laisse prendre ; le plaisir et la crainte se peignaient alternativement dans ses yeux ; il les exprimait par ses gestes. Nous rejoignîmes mon camp. C'est là qu'il attendait son sort et ce que je déciderais de lui. J'aurais bien pu le mettre à l'attache, mais c'était m'ôter l'agrément de cette jolie bête ; je ne le maltraitai même pas, et voulus être généreux avec lui. Une correction de plus ne l'aurait pas changé ; peut-être en avait-il plus d'une fois essuyé mal à propos ; car sa réputation, qui prêtait assez les couleurs de la vraisemblance aux rapports qu'on me faisait contre lui, lui nuisait beaucoup dans mon esprit et me rendait injuste, surtout quand j'avais de l'humeur; on avait mis souvent sur son compte bien des petits vols de friandises dont mes Hottentots eux-mêmes avaient probablement touché la valeur, et dont le pauvre Keès n'avait sans doute été que le prête-nom.

Le Sondag est un fleuve qui prend sa source dans de hautes montagnes presque toujours couvertes de neige, ce qui les a fait nommer Sneuw-Bergen (montagnes de neige). Je les avais au nord sur ma gauche. Le fleuve, grossi par différentes petites rivières qui se joignent à lui, va se jeter et se perdre dans la mer, à dix lieues de l'endroit où j'étais.

Le 1er octobre, nous reprîmes notre route dans l'ordre accoutumé. Après sept heures de marche, nous nous reposâmes un moment sur les ruines d'une habitation délaissée comme l'autre, et non moins triste et lugubre. A quatre heures du soir, nous nous arrêtâmes à une mare d'eau. Nous fûmes bien heureux, cette nuit-là, d'avoir de grands feux. Quelques hyènes et deux lions nous vinrent visiter, et mirent tous nos bestiaux en désordre. Nous passâmes toute la nuit sur pied. Il ne fallut pas moins que nos décharges bruyantes et non interrompues pour parvenir à les éloigner, tant ils montraient d'acharnement.

A la pointe du jour, nous vîmes une si grande quantité de gazelles spring-bock, que je résolus d'employer la journée entière à en faire la chasse. Nos provisions commençaient à manquer, et demandaient à être renouvelées plus souvent. C'était parmi tout mon monde une consommation de viande dont on ne saurait se faire une juste idée. En conduisant une horde entière et tous leurs animaux, j'avais pris un surcroît d'embarras considérable et qui m'effrayait quelquefois. Nous fûmes assez heureux pour tuer sept de ces gazelles. Quoique cette espèce soit leste à la course, à cheval on les joint facilement; rassemblées ordinairement en troupe et serrées comme des moutons, elles se nuisent mutuellement, ce qui ralentit beaucoup leur marche. Une seule balle bien ajustée peut en traverser deux, quelquefois, et plus encore.

Le jour d'après, nous fîmes une marche forcée; nous avions eu de mauvaise eau la veille; il fallait, pour s'en procurer de plus fraîche, rencontrer un bras du Sondag. Nous le trouvâmes heureusement à quatre heures. Nos bœufs étaient rendus. Ils avaient travaillé par une chaleur étouffante. Je craignais qu'il n'en mourût quelques-uns, quoiqu'on eût eu la précaution de renouveler plusieurs fois les attelages. Le 4, nous quittâmes tout à fait le fleuve, et ne fîmes ce jour-là que trois lieues, tant la chaleur était insupportable; nos bœufs se sentaient encore de la veille.

Le 5, nous nous mîmes en route dès trois heures du matin. A sept heures, nous trouvâmes encore une habitation abandonnée. Les propriétaires, sans doute pressés par la peur, ne s'étaient pas donné le temps de mettre aucun de leurs effets à l'abri du pillage. A l'aspect de cette habitation demeurée entière, et qui ne portait aucune empreinte du feu, il me sembla que les habitants avaient pris l'épouvante mal à propos. Je fus curieux d'entrer dans cette maison. Je ne m'étais pas trompé. Nous n'aperçûmes aucun dérangement dans les meubles ; chaque ustensile était à sa place. Je ne permis pas qu'on touchât aux effets, même les plus indifférents ; seulement, comme la chaleur continuait d'être excessive, je fis halte à l'ombre dans cette maison, et nous nous reposâmes. Vers le soir je délogeai, et nous entreprîmes une marche de quatre heures.

Le lendemain nous passâmes encore à travers deux habitations simplement désertées comme celle de la veille et dans le même état. Je ne voulus pas arrêter. Quatre heures de marche nous mirent sur les bords de la petite rivière Vogel (l'oiseau); nous fîmes halte, parce que mes bœufs avaient encore manqué d'eau et presque de nourriture. A midi le temps s'obscurcit un peu, et d'assez gros nuages nous dérobaient entièrement la vue du soleil. Je profitai de cette heureuse circonstance pour avancer de plus en plus. Nous espérions gagner Agter-Bruyntjes-Hoogte ; mais, parvenus au pied de ces montagnes, une mare d'eau qui se trouvait là nous engagea à y camper ; nous n'étions rien moins qu'assurés d'en rencontrer une autre.

Pendant la nuit, nos feux furent aperçus par des Hottentots sauvages. Comme ces gens s'approchaient de nous pour nous reconnaître, ils furent éventés par nos chiens, qui nous donnèrent l'éveil, et qui, courant au qui-vive, aboyaient et se démenaient horriblement. Pour cette fois une partie de mon monde, persuadée que nous étions investis par les Cafres, proposa de laisser le camp et de se mettre à l'abri dans les buissons, comme si nous eussions été plus en sûreté, séparément cachés dans de misérables taillis, que réunis en corps, bien armés et déterminés. Klaas et moi, nous étions furieux. Le vénérable Swanepoël se joignit à nous pour remonter ces cœurs efféminés ; et, quel qùe dût être l'événement, il jura qu'il s'attachait à moi, et donnerait pour ma défense jusqu'à la dernière goutte de son sang. Au milieu de ces discours et des lâches irrésolutions du reste de ma troupe, une voix se fit entendre qui suppliait en hollandais inintelligible de rappeler les chiens, ce que l'on fit à l'instant. Lorsque je me fus assuré que ces gens n'étaient que des Hottentots, je leur permis d'approcher ; ils parurent au nombre de quinze hommes, plusieurs femmes et quelques enfants.

Ils s'étaient mis en route pour s'éloigner du feu de la guerre. Je fus prévenu par eux que, lorsque j'aurais franchi la montagne, je trouverais encore plusieurs habitations désertes ; ils m'expliquèrent comment les propriétaires de ces habitations éparses s'étaient assemblés dans une seule pour être en force contre l'ennemi, mais que leur parti était pris d'abandonner tout à fait le pays et leurs possessions pour se rapprocher des colonies hollandaises, attendu que les Cafres étaient à l'heure même en campagne, et juraient de ne pas en laisser subsister une seule.

Je passai la nuit en conférences de cette nature, et j'appris de ces gens tout ce que je voulais savoir. Je pouvais d'autant moins me déterminer à regarder les Cafres comme des bêtes féroces altérées de sang, qui n'épargnaient ni l'âge, ni le sexe, ni leurs voisins, que je connaissais assez bien les colons pour suspecter leur foi, et rejeter sur eux une partie des horreurs dont ils affectaient sans cesse de se plaindre. Et pourquoi mêler dans ces guerres affreuses un peuple aussi doux que le Hottentot, et qui mène une vie à la fois si paisible et si précaire, s'il n'y avait pas eu dans le ressentiment des Cafres une cause cachée bien digne de toute leur vengeance? Le Cafre lui-même n'est point un peuple méchant; il vit, comme tous les autres sauvages de cette partie de l'Afrique, du simple produit de ses bestiaux, se nourrit de laitage, se couvre de la peau des bêtes; il est, comme les autres, indolent par sa nature, plus guerrier par les circonstances; mais ce n'est point une nation odieuse, et dont le nom soit fait pour inspirer de la terreur. Je voulus donc m'instruire à fond des motifs et des commencements de ces guerres atroces qui troublaient ainsi le repos des plus belles contrées de l'Afrique. Ces bonnes gens, qui s'étaient livrés à moi avec tant de confiance, s'ouvrirent également sans réserve. Ils m'apprirent, en effet, que les vexations et la cruelle tyrannie des colons était l'unique cause de la guerre, et que le bon droit était du côté des Cafres; ils m'apprirent que les bossismans, espèce de vagabonds déserteurs, qui ne tiennent à aucune nation et ne vivent que de rapines, profitaient de ce moment de troubles pour piller indistinctement et Cafres, et Hottentots, et colons; qu'il n'y avait que ces misérables qui eussent pu engager les Cafres à comprendre dans la proscription générale tous les Hottentots, qu'ils regardaient comme des espions attachés aux blancs, et dont ceux-ci ne se servaient que pour leur tendre des piéges plus adroits : ce dernier trait n'était pas dénué de fondement, mais ne pouvait, dans aucun cas, s'étendre aux hordes les plus éloignées. Ainsi l'innocent subissait le sort du coupable. Eh! comment des sauvages eussent-ils été capables de faire d'eux-mêmes une distinction que les peuples civilisés ne font pas? Ils m'apprirent enfin que les Cafres s'étaient procuré quelques armes à feu, enlevées dans ces habitations ravagées, ou dérobées à ces Hottentots colons surpris à la découverte.

Je fus instruit enfin, dans le plus grand détail, de tout ce qui s'était passé, des attaques, des combats qui s'étaient donnés, et dans lesquels, tout en faisant de grands ravages, les Cafres cependant avaient toujours eu le dessous; cela ne me parut pas étonnant : la zagaie, leur arme la plus meurtrière, et qu'ils manient avec une grande adresse, ne saurait soutenir la comparaison avec nos armes à feu, employées par des chasseurs qui ne manquent jamais leur coup. Tout ce que j'apprenais m'intéressait fort; la plus légère circonstance ne pouvait m'être indifférente; je me trouvais engagé, pour mon propre compte, dans les événements et les hasards de cette guerre, puisque j'étais actuellement, pour ainsi dire, sur le champ de bataille, et que je touchais au moment où, navré jusqu'au fond de l'âme du spectacle affligeant que j'avais incessamment sous les yeux, pénétré du plus ardent désir de rendre service à des infortunés que je ne connaissais point, que je n'avais jamais vus, que je ne reverrais jamais, mais dont le triste sort excitait ma compassion, j'allais, si tout ce monde eût voulu me suivre, traverser cinquante lieues de la Cafrerie, au risque de tout ce qui aurait pu m'en arriver, et rétablir à jamais le calme dans ces contrées malheureuses. Je ne fus secondé par personne; mais je couvrirai d'opprobre, avec bien plus de justice, les lâches colons que j'allai chercher deux jours après, pour l'indigne manière dont le chef colora son refus de m'aider dans une expédition qui certes aurait réussi et faisait le plus grand honneur à l'humanité.

Un nouveau malheur arrivé depuis peu dans ces lieux funestes m'enhardissait encore, et venait échauffer mon imagination. On me dit qu'à moins de six semaines de là un navire anglais avait fait naufrage à la côte ; que, parvenue à terre, une partie de l'équipage était tombée entre les mains des Cafres, qui l'avaient exterminée, à l'exception de quelques femmes ; que tous ceux qui avaient échappé vivaient errants sur le rivage, dans les forêts, où ils achevaient de périr misérablement. On comptait parmi ces infortunés plusieurs officiers français, prisonniers de guerre, qu'on renvoyait en Europe.

Combien je me sentis tourmenté par ces détails affligeants ! D'après tous les renseignements que purent me donner ces nouveaux venus, je jugeai, en m'orientant, que de l'endroit où j'étais je ne devais pas avoir plus de cinquante lieues jusqu'au vaisseau. Je roulais mille projets dans ma tête ; j'inventais mille moyens de secourir des infortunés dont la situation était si déplorable. Tout mon monde se révolta contre ma proposition. Ni prières ni menaces ne firent effet sur leurs esprits. Le récit de cette aventure leur avait fait des impressions bien différentes ; une rumeur soudaine se répandit dans tout mon camp. Si, secondé par deux ou trois de mes braves, je n'avais imposé par mes gestes et ma contenance déterminée à ces misérables, j'eusse infailliblement péri victime de leur sédition. Je fis trembler l'un d'eux en lui appliquant le pistolet sur le front. Mais je ne pus rien gagner. La horde qui marchait à ma suite me dit sans préambule qu'elle était libre, et ne voyait point en moi son chef; qu'à l'instant elle allait rétrograder avec les quinze Hottentots récemment arrivés, et jusqu'à mes propres gens, qui me signifièrent d'un ton hardi qu'ils n'étaient point d'humeur à se faire écharper par des milliers de Cafres; tous ensemble avec des cris me déclarèrent qu'ils ne me suivraient pas, et qu'ils allaient plutôt sur-le-champ se remettre en route pour les colonies. Je tenais toujours ferme, et leur fis tête jusqu'à la fin. Mes représentations, les instances de mon Klaas n'en ébranlèrent que deux, qui consentirent à se hasarder avec moi; le vieux Swanepoël en était un. Mais que pouvions-nous faire à nous quatre; vainement je remontrai à ces sauvages de quelle ingratitude ils payaient la complaisance que j'avais eue de les laisser venir avec moi; qu'ils oubliaient bien vite les soins, les vivres et la protection que je leur avais accordés; vainement je leur dis que je les tenais tous pour des traîtres, des lâches, et mes ennemis plus odieux que les Cafres; je ne fis que redoubler leur crainte et leur inspirer de la haine contre moi-même; l'épouvante s'était assise au milieu d'eux; je la lisais sur tous les fronts. Je pris le parti de me taire; la nuit s'avançait; après avoir recommandé la plus sévère garde, j'allai m'enfermer dans ma tente. On m'avertit au point du jour que ces étrangers délogeaient, entraînant leurs femmes, leurs enfants, leurs bestiaux, tous leurs effets après eux; je défendis qu'on leur dît un seul mot d'adieu, et moi-même, sans perdre de temps, je donnai l'ordre pour le départ, et me mis en route de mon côté. En quatre heures nous traversâmes la montagne d'Agter-Bruyntjes-Hoogte; puis, rafraîchis par un orage qui semblait arriver à souhait, après quatre autres heures nous campâmes pour passer la nuit. Nous vîmes toujours, chemin faisant, quelques habitations désertes, dont les propriétaires sans doute étaient du nombre des confédérés. Le sol dans cet endroit me parut généralement bon; les montagnes étaient couvertes de beaux et grands arbres; les plaines, parsemées de *mimosa nilotica*, regorgeaient de gazelles et de gnous; cette dernière espèce, quoique très-bonne à manger, est cependant inférieure aux autres gazelles.

Par tous les renseignements que j'avais pris sur les quinze Hottentots qui avaient soulevé la horde et me l'avaient enlevée, j'estimais que je ne devais pas être loin de l'endroit où tous les colons s'étaient rassemblés. Je me flattais sans cesse de trouver parmi eux quelques gens de bonne volonté qui, goûtant mes projets de pacification auprès des Cafres et l'espoir de secourir de malheureux naufragés, s'y livreraient de bonne grâce et s'empresseraient de me seconder. L'image de ces infortunés me suivait partout: quelle devait être l'affreuse situation des femmes, condamnées à traîner ainsi leurs jours dans les horreurs et tous les déchirements du désespoir! Cette idée ne sortait pas de mon imagination, et m'attachait de plus en plus à mon projet; le désir de leur rendre la liberté et de les ramener avec moi m'étourdissant de plus en plus sur les obstacles, ne me laissait voir que la possibilité du succès: combien j'étais impatient d'arriver chez cette horde de colons!

Dès le lendemain, après trois heures d'une marche entreprise au point du jour, je découvris enfin l'habitation tant désirée! Du plus loin que ces gens m'aperçurent, je les vis tous s'assembler et se grouper devant la maison; leurs mouvements, leurs déplacements, l'attention avec laquelle ils tournaient tous ensemble leurs regards vers moi, me faisaient assez comprendre qu'ils ne me voyaient pas sans alarme, et que mon convoi surtout les inquiétait fortement. Je piquai des deux; et, les abordant avec politesse, je me fis connaître et déclinai mon nom. J'affectai de ne marcher qu'avec l'autorité de la puissance hollandaise, à qui j'avais des comptes à rendre de mes découvertes. Cette fin de mon discours très-concis parut leur imposer; ils m'accueillirent avec les démonstrations de la plus grande joie, et me témoignèrent combien ils étaient enchantés de me voir. Ils m'avouèrent que ma barbe les avait intrigués (elle avait alors onze mois de crue); qu'ils n'avaient su, non plus, que penser de mes armes, de mes chariots, de mon grand cortége; qu'ils avaient souvent ouï parler de moi; qu'on leur avait conté cent catastrophes où j'avais failli perdre la vie; mais qu'on les avait assurés en dernier lieu qu'un vaisseau que j'avais trouvé à l'ancre dans la baie de Blettenberg m'avait conduit à l'île Bourbon; qu'ainsi ils n'avaient eu garde, en me voyant arriver, de croire que ce fût moi. Après avoir essuyé cent questions auxquelles on ne me donnait pas le temps de répondre, je leur déclarai les motifs qui m'avaient conduit vers eux, et la résolution que j'avais prise de pénétrer dans le fond de la Cafrerie. Je ne leur cachai pas combien j'étais surpris de ce que jusqu'à ce moment ils n'avaient point encore tenté de sauver les malheureux Européens, dont ils n'ignoraient pas le sort; que j'espérais trouver parmi eux des hommes de bonne volonté qui se détacheraient pour venir avec moi vers la côte sur laquelle avait péri leur vaisseau ; qu'il ne fallait pas douter que le gouvernement hollandais ne récompensât glorieusement les auteurs d'une si belle entreprise ; et, pour les déterminer d'autant plus, je ne manquai pas d'ajouter que, parmi les effets du vaisseau qui étaient encore en partie sur la côte, chacun d'eux trouverait l'avantage de se procurer à peu de frais mille aisances pour le reste de ses jours. Cette raison parut les ébranler un moment; mais j'en augurai mal, quoiqu'ils s'empressassent de me répondre que, si les choses étaient telles que je les leur dépeignais, il n'y avait rien de si juste que d'aller au secours de ces malheureux, qui, dans le fond, étaient, disaient-ils, leurs frères, leurs semblables.

Le plus rusé comme le plus lâche de la troupe, ne prenant de mon discours que ce qui intéressait sa cupidité, ajouta pour les autres qu'il était trop probable que les Cafres avaient déjà dépouillé le vaisseau et en avaient enlevé ce qu'il y avait de meilleur; qu'on n'y trouverait peut-être rien, ou si peu de chose, qu'on n'en rapporterait pas de quoi compenser les frais et les risques d'un pareil voyage; et qu'ils laisseraient pendant leur absence leurs femmes et leurs enfants exposés à être massacrés par les Cafres.

Je sentais intérieurement qu'il n'y avait rien qui pût les tenter dans cette expédition : ils ne pouvaient enlever beaucoup de bestiaux aux ennemis; car, après s'en être partagé plus de vingt mille depuis le commencement des hostilités, il ne devait pas en rester beaucoup à ces sauvages, qui, pour conserver ceux qu'ils avaient sauvés du pillage, les avaient retirés fort avant dans l'intérieur de leurs terres.

Je fis tous mes efforts pour combattre les raisonnements de cet homme, et lui dis assez de fois qu'il oubliait sur toutes choses les malheureux pour qui j'étais venu solliciter des secours; mais il avait entraîné ses camarades, et dès lors aucun d'eux ne montra le moindre penchant à me seconder. Dès qu'ils n'avaient plus à compter sur des profits, on ne devait plus compter sur leur assistance.

J'aurais vainement tenté plus longtemps de les ébranler. Je me répandis en imprécations; je les menaçai de l'animadversion du gouvernement; je leur souhaitai des nuées de Cafres autour de leur habitation; et, dans la crainte que leur exemple n'influât jusque sur les miens, parmi lesquels j'en trouvais quelques-uns qu'un peu d'obéissance et d'amitié attachait encore à ma personne, je m'éloignai sur-le-champ et me remis en route.

J'avais remarqué qu'ils étaient renforcés par une troupe assez nombreuse de métis hottentots; cette première espèce est courageuse, entreprenante, tient plus du blanc que du hottentot, qu'il regarde comme au-dessous de lui. Ils avaient toujours été les premiers à marcher contre les Cafres, et s'étaient signalés dans toutes les rencontres. Cela me fit naître l'idée de laisser en arrière trois de mes gens, avec ordre de se faufiler parmi eux et de faire en sorte d'en engager quelques-uns à me suivre, surtout ceux qui connaissaient le pays et la langue des Cafres; je les instruisis comme il faut avant de les laisser partir; et, voulant me rendre au delà de la rivière Klein-Vis, je la leur assignai pour rendez-vous. J'y arrivai en trois heures de temps, par de très-mauvais chemins, et je fis halte après l'avoir traversée. Il fallut y coucher pour attendre le retour de mes gens et des nouvelles du succès de leur négociation; j'avais vu quelques empreintes de lions; je me précautionnai contre les surprises de ces animaux autant que contre celles des Cafres. Je n'aurais pas eu beaucoup d'inquiétude sur le compte de ces derniers, s'il m'eût été possible de trouver un moyen de leur faire savoir que je n'étais ni de la nation, ni de l'avis, ni du nombre de leurs persécuteurs; mais ils pouvaient tomber à l'improviste sur mon camp et y causer bien du dommage avant que nous nous fussions expliqués. Cette considération m'engagea à choisir pour cette fois, contre ma coutume, une élévation dont la vue s'étendît un peu loin. J'y fis dresser ma tente, ranger mes chariots et toutes mes bêtes, puis, à quelques pas de là, j'y fis construire quelques fausses huttes; ensuite nous allâmes placer ma tente canonnière à une portée de fusil de ce camp; je la fis masquer avec des branches d'arbre, pour qu'elle ne fût point aperçue. C'était là que je comptais passer la nuit avec tous mes gens; par cette manœuvre je donnais le change à l'ennemi : s'il se fût, en effet, présenté, croyant me surprendre dans mon camp, il s'y serait à coup sûr jeté à corps perdu; c'est alors que j'aurais eu le temps d'arriver sur lui et de le surprendre à mon tour.

La nuit ne fut pas tranquille. Nos chiens nous donnèrent beaucoup d'inquiétude, et nous ne dormîmes point. A la pointe du jour, je vis arriver de loin mes trois Hottentots ; ils amenaient avec eux trois étrangers. L'un, nommé Hans, fils d'un blanc et d'une Hottentote, avait presque toujours vécu parmi les Cafres; il en parlait facilement la langue; quelques verres d'eau-de-vie d'Orléans que j'avais en réserve m'eurent bientôt gagné toute sa confiance, et je lui fis conter tout ce qu'il savait sur les affaires présentes. Ce qu'il m'apprit me confirma dans l'opinion que les Cafres, en général, sont pacifiques et tranquilles ; mais il m'assura que, continuellement harcelés, volés et massacrés par les blancs, ils s'étaient vus forcés de prendre les armes pour leur défense ; il me dit que les colons publiaient partout que cette nation est barbare et sanguinaire, afin de justifier les vols et les atrocités qu'ils commettaient journellement contre elle, et qu'ils tâchaient de faire passer pour des représailles ; que, sous prétexte qu'il leur avait été enlevé quelques bestiaux, ils avaient, sans distinction d'âge et de sexe, exterminé des hordes entières de Cafres, dérobé tous leurs bœufs, ravagé leurs campagnes ; que cette méthode de se procurer des bestiaux leur paraissant plus abrégée que celle d'en élever eux-mêmes, ils en usaient si largement, que depuis un an ils en avaient partagé plus de vingt mille, et qu'ils avaient impitoyablement massacré tout ce qui s'était présenté pour les défendre. Hans m'assura d'avoir été témoin d'une anecdote que je place ici comme il me la raconta.

Une troupe de colons venait de détruire une bourgade de Cafres ; un jeune enfant d'environ douze ans s'était sauvé et se tenait caché dans un trou ; il y fut malheureusement découvert par un homme du détachement des colons, qui, le voulant garder comme esclave, l'emmena au camp avec lui. Le commandant déclara qu'il prétendait s'en emparer ; celui qui l'avait pris refusait obstinément de le rendre ; on s'échauffa des deux côtés ; le commandant alors, outré de colère et comme un forcené, courant à l'innocente victime, crie à l'adversaire : « Si je ne puis l'avoir, il ne sera pas non plus pour toi. » Au même instant il lâche un coup de fusil dans la poitrine du jeune enfant, qui tombe mort.

Hans me donna encore une foule de renseignements précieux pour moi. Ainsi il m'apprit que le terrain sur lequel je me trouvais actuellement était de la domination d'un puissant seigneur qui faisait sa résidence à trente lieues de nous, plus du côté du nord, et qu'il se nommait le roi Faroo; il me conseillait de pénétrer jusqu'à lui, m'assurant que je n'avais rien à craindre, aucun risque à courir; il me disait, au contraire, que ces pauvres peuples me verraient avec plaisir, dans l'espérance que, de retour au Cap, le récit de ce que j'aurais vu touchant leurs mœurs, leur caractère et leur façon de vivre, effacerait les mauvaises impressions que donnaient d'eux partout les colons, qui ne pouvaient les souffrir; qu'on leur laisserait peut-être à la fin leur tranquillité, le seul bien qu'ils demandassent aux blancs.

Au premier coup d'œil ce raisonnement était spécieux, séduisant; je sentais vivement tous les avantages que je pouvais tirer de l'exécution d'un semblable projet. J'étais entraîné. Mais, d'un autre côté, si, par trop d'imprudence ou de confiance, j'allais perdre en ce moment tout le fruit de mon voyage; s'il arrivait que je fusse massacré, cette démarche pouvait passer pour le comble de la déraison et de l'extravagance; je connaissais l'humeur vive et remuante des métis hottentots; je voyais pour la première fois celui-ci : de quoi pouvait-il être capable? Je l'ignorais; l'appât d'un verre d'eau-de-vie venait d'en faire un traître; il était ami des Cafres, il avait passé une partie de ses jours avec eux, il sortait alors d'une retraite suspecte à mes regards, et n'était là peut-être que pour observer les mouvements des colons et les trahir eux-mêmes. N'était-il pas possible qu'il eût aussi l'intention de me sacrifier afin de partager mes dépouilles avec les Cafres, et de se faire auprès d'eux un mérite de m'avoir amené dans le piége ?

Après avoir pesé longtemps ces considérations, agité par mille idées contraires et hors d'état de prendre un parti pour moi-même, je m'arrêtai tout d'un coup à un plan plus facile et plus sage; je me ménageais par ce moyen un peu de temps pour me livrer à de nouvelles réflexions et m'éclairer davantage, sans compromettre ma fortune ni ma personne : j'imaginai d'envoyer une députation au roi Faroo, et sur la première ouverture que j'en fis à Hans, il accepta la commission sans balancer. Quoique cette conduite me parût d'un assez bon augure, j'étais bien résolu cependant de prendre mes sûretés. Ce jeune métis me promit d'engager deux ou trois de ses amis de faire le voyage avec lui; je lui donnai deux de mes plus fidèles Hottentots, Adams et Slanger; ils devaient rendre compte à ce roi de tout ce que j'avais fait depuis onze mois que j'avais quitté le Cap. Afin qu'il fût en état de juger que la curiosité seule me conduisait dans ses États, je chargeai mes messagers de lui dire que, né dans un autre monde, étranger surtout dans les lieux où je me trouvais actuellement, je n'étais en aucune façon l'ami ni le complice des colons qui lui faisaient la guerre; que je ne vivais pas même avec eux; que je désapprouvais hautement leur conduite; qu'en un mot il pouvait être assuré qu'aussi longtemps que je resterais dans son pays, il n'aurait nul sujet de s'inquiéter de mes mouvements et de mes démarches, puisqu'ils ne tendaient qu'à un but unique et bien innocent, celui de me procurer des objets relatifs à mes goûts, ainsi qu'à mes études, et que, loin d'apporter le ravage et la crainte dans ses possessions, j'y saisirais, au contraire, toutes les occasions d'être utile à ses sujets, à lui-même, comme je l'avais été à plusieurs hordes de Hottentots, qui ne suspectaient ni ma foi ni mes services. J'ajoutai que le gouvernement du Cap, à qui je rendrais un compte fidèle de tout ce qui s'était passé sous mes yeux, s'empresserait de rétablir le calme dans son pays et la bonne harmonie entre lui et les colons.

Après avoir ainsi endoctriné mes députés, surtout ceux de mon camp, à qui je recommandai le plus grand secret sur certaines autres particularités dont je les fis seuls dépositaires, telles, par exemple, que la condition expresse d'amener avec eux quelques Cafres, afin de juger du degré de confiance qu'ils auraient en moi et de voir jusqu'à quel point je pourrais leur accorder la mienne, je leur remis quelques présents pour le prince, et les congédiai; ils me promirent de se rendre bientôt à Koks-Kraal, où je devais les attendre; chacun d'eux fit ses provisions : ils partirent.

Je me mis moi-même en route dans la matinée; après trois heures de marche nous trouvâmes les bords du Groot-Vis-Rivier; la chaleur était excessive; la terre, de tous côtés couverte de gros cailloux roulés, rendait le chemin fort pénible pour les bœufs; nous côtoyions toujours les bords de la rivière; à trois cents pas de son cours, la fatigue nous força de nous arrêter, il n'était encore que quatre heures du soir. Tandis qu'on faisait les préparatifs ordinaires pour se procurer une nuit tranquille, je regagnai en me promenant le rivage. Non loin de là j'aperçus les restes d'un kraal de Cafres, et je fus curieux de l'aller visiter; j'y vis quelques cabanes assez bien conservées; les autres étaient entièrement détruites; mais un spectacle plus triste frappa mes regards : je reconnus des ossements humains; leur vétusté me fit croire qu'ils provenaient des malheureux dont les colons avaient fait leurs premières victimes, et que cette expédition datait des commencements de cette injuste guerre.

La nuit du 10 s'écoula tranquillement; à la vérité quelques hyènes rôdèrent autour de nous; mais habitués à leurs manéges, nous nous en inquiétâmes fort peu. Le matin, les Hottentots qui venaient de faire la provision d'eau m'avertirent qu'ils avaient vu des empreintes toutes fraîches de coudoux et d'hippopotames; nos provisions touchaient à leur fin; le temps était favorable. Je résolus de donner cette journée à la chasse.

Mes gens se répandirent sur les bords de la rivière, pour tâcher de découvrir le lieu précis où se tenaient les hippopotames; moi je pris d'un autre côté, dans l'espérance de trouver des coudoux ou d'autre gibier. Je ne vis que des gazelles de parade et des troupes d'autruches; j'étais à pied; il n'y avait nul moyen de les approcher, je commençais à craindre que toute la journée ne se passât en contemplations et en courses. J'avais arpenté et battu bien du pays, lorsque tout à coup, dans une plaine dont l'herbe était haute et qui portait quelques arbrisseaux, j'aperçus un groupe de sept coudoux. Ils ne me virent point heureusement.

J'approchai avec précaution, suivi d'un homme que j'avais mené avec moi. Lorsque nous fûmes à deux cents pas, je lui dis de tirer le premier ; plus sûr d'atteindre ces animaux à la course, je voulais réserver mon coup pour ce moment plus douteux ; il tira et les mit tous en fuite, comme je m'y étais attendu. Par un bonheur étrange, ils vinrent passer à trente pas de moi ; je jetai à bas le seul mâle qui fût dans la troupe ; mon Hottentot eut beau me soutenir que c'était le même qu'il avait visé, nous ne lui trouvâmes qu'une seule blessure et qu'une seule balle. Nous le couvrîmes de quelques branchages. Après avoir attaché mon mouchoir au bout d'une perche et fixé en terre cet épouvantail, pour écarter les bêtes féroces, nous nous mîmes à la poursuite des autres coudoux, parce que, le mâle étant tué, j'étais certain que les femelles n'iraient pas loin. Nous aperçûmes des traces de sang qui dénotaient que l'une d'elles avait été touchée ; à quatre cents pas, en effet, nous la trouvâmes qui rendait les derniers soupirs. Mon Hottentot, à qui j'avais reproché sa maladresse, paraissait flatté de la rencontre : mais il avait tiré le mâle, et c'est par hasard qu'il avait touché cette femelle. Nous la dépouillâmes, elle fut vidée ; par ce moyen nous pouvions à nous deux, n'étant pas trop éloignés du mâle, la transporter jusque-là.

Nous étions harassés, et l'appétit commençait à se faire sentir. Nous allumâmes quelques branchages, et fîmes cuire le foie sur des charbons. Je ne sais si ce fut l'effet de la faim ou de la délicatesse du mets, je me rappelle que sans autre assaisonnement, sans pain (il y avait longtemps que je n'en mangeais plus), je ne pouvais m'en rassasier, et que c'est un des plus délicieux repas que j'aie faits de ma vie. Nous attachâmes ensuite les quatre pieds de l'animal, et avec une perche nous le portâmes, sur les épaules, à côté du premier que nous avions tué. Mon Hottentot se détacha pour me ramener deux chevaux et quelques-uns de ses camarades ; notre chasse fut enlevée et conduite au camp. En un instant on remplit les marmites ; on fit cuire des grillades sur des charbons ardents, en moins de deux heures les trois quarts de notre viande disparurent.

Le Hottentot est gourmand tant qu'il a des provisions en abondance ; mais aussi dans la disette il se contente de peu ; je le compare sous ce rapport à l'hyène, ou même à tous les animaux carnassiers, qui dévorent toute leur proie en un instant, sans songer à l'avenir, et qui restent, en effet, plusieurs jours sans trouver de nourriture, et se contentent de terre glaise pour apaiser leur faim. Le Hottentot est capable de manger en un seul jour dix à douze livres de viande, et, dans une circonstance défavorable, quelques sauterelles, un rayon de miel, souvent un morceau de cuir de ses sandales, suffisent à ses besoins pressants ; je n'ai jamais pu parvenir à faire comprendre aux miens qu'il était sage de réserver quelques aliments pour le lendemain ; non-seulement ils mangent tout ce qu'ils peuvent, mais ils distribuent le surplus aux survenants ; la suite de cette prodigalité ne les inquiète en aucune façon. *On chassera*, disent-ils..., ou *l'on dormira*. Dormir est pour eux une ressource qui leur sert au besoin ; je n'ai jamais passé dans des contrées âpres et stériles, où le gibier est rare, que je n'aie trouvé des hordes entières de sauvages endormis dans leurs kraals, indice trop certain de leur position misérable. Mais ce qui surprendra beaucoup, et ce que je n'avance que sur des observations vingt fois répétées, c'est qu'ils commandent au sommeil et trompent à leur gré le plus puissant besoin de la nature. Il est pourtant des moments de veille au-dessus de leurs forces et de l'habitude. Ils emploient alors un autre expédient non moins étrange, et qui, pour n'inspirer nulle croyance, ne cessera pas d'être un fait incontestable et sans réplique : je les ai vus se serrant l'estomac avec une courroie. Ils diminuent ainsi leur faim, la supportent plus longtemps, et l'assouvissent avec bien peu de chose. Ce plaisant moyen de ligatures est encore chez eux un remède général qu'ils appliquent à tous les maux. Ils bandent avec force leur tête ou toute autre partie souffrante, et pensent qu'en gênant le mal ils l'obligent à fuir. J'ai été plus d'une fois présent à de pareilles opérations; après qu'elles étaient achevées au désir du malade, je le voyais se calmer, répondre plus facilement à mes questions affectueuses, et m'assurer qu'il éprouvait du soulagement.

Deux de mes Hottentots que j'avais envoyés à la découverte de l'hippopotame furent bientôt de retour, et m'apprirent qu'en côtoyant la rivière ils en avaient reconnu un dans un endroit tellement couvert de roseaux, qu'il ne leur avait pas été possible d'arriver jusqu'à l'eau pour l'examiner de plus près, mais que chaque fois qu'il s'était élevé pour respirer ils l'avaient distinctement entendu ; qu'en vain ils avaient tiré plusieurs coups de fusil pour l'effaroucher et l'obliger à changer de place; qu'il était probable que le lendemain il choisirait un autre endroit plus favorable à nos desseins; ils avaient aussi rencontré une vingtaine de buffles, et n'en avaient pas tué un seul.

Le jour suivant, 11 du mois, nous fûmes visités pendant la nuit par des lions, des hyènes et des chacals; ils nous tinrent sur le qui-vive jusqu'à deux heures du matin. La fumée de toutes nos grillades et de nos viandes fraîches les avait sans doute attirés; nous eûmes beaucoup de peine à contenir nos chevaux, entre autres celui que j'avais acheté de M. Mulder, au canton d'Auteniqua. Aux cris des bêtes féroces, la frayeur s'était emparée de ce jeune animal, à tel point que nous fûmes obligés de lui mettre des entraves aux quatre jambes et double longe à la tête, pour l'empêcher de se tuer; le jour ramena la tranquillité. Nous continuâmes la dissection de nos coudoux; après quoi l'on plia bagage.

J'avais envoyé la veille un Hottentot reconnaître Koks-Kraal; c'était le rendez-vous où j'étais convenu d'attendre mes députés; il n'y avait que trois jours qu'ils étaient partis; je ne devais pas les revoir de sitôt; cette nouvelle retraite pouvait donc m'offrir un nouveau plan de vie, et c'est là que j'allais fonder pour quelque temps mon petit empire, si des nouvelles fâcheuses ou quelque malheur ne forçaient pas mes députés à se replier sur moi. Cependant je n'avais pas de temps à perdre, et les précautions, toujours plus indispensables, dont toutes les circonstances me faisaient une loi très-sévère, m'engageaient assez à me hâter. Sur le rapport de mon commissionnaire, je jugeai que nous camperions commodément dans Koks-Kraal, et le premier aspect de ce beau lieu ne trompa point mon attente. Je m'y rendis en trois heures. Nous trouvâmes une enceinte d'environ cinquante pieds carrés, formée par une haie sèche de branches d'arbres et d'épines; elle était un peu dégradée dans quelques endroits; mais sa restauration fut à peine l'ouvrage d'un jour. C'était, pour abriter nos bestiaux, une découverte d'autant plus heureuse, que cette enceinte dominait presque tous les environs; d'un côté l'on découvrait la rivière, dont nous n'étions éloignés que de trois à quatre cents pas. Les bêtes féroces n'étaient pas l'objet de mes plus grandes inquiétudes; je songeais davantage à me garantir des Cafres répandus dans le pays. Ne sachant point les démarches pacifiques que je tentais auprès d'un de leurs rois, et les Cafres n'ayant aucune connaissance de ma façon de penser sur leur compte, ils pouvaient venir à toute heure m'insulter et m'attaquer dans mon camp, et ce que je redoutais le plus, c'était celui même entre les mains de qui j'avais remis les conditions de mon ambassade. Instruit par ses propres yeux du nombre des gens qui restaient avec moi, de mes forces comme de ma faiblesse; instruit, par mes propres aveux, de mes résolutions et de la place assignée pour nous rejoindre, il était en son ponvoir ou de corrompre ceux de mes gens qui l'accompagnaient, ou de les trahir et de les assassiner en chemin : qui l'empêchait alors de cacher sa marche et de venir, à la tête d'un parti nombreux, fondre inopinément sur moi et, par un de ces coups de main trop usités dans la guerre, m'effacer tout à coup de la liste des vivants? Je ne cacherai point à mes lecteurs qu'avec le projet bien formé de vendre chèrement ma vie, mes terreurs augmentaient en proportion des soins que je prenais chaque jour pour ma défense; mais à mesure que le moment du départ de ces envoyés s'éloignait, ma tête se tranquillisait un peu; une longue absence diminuait le péril, et je finis par me familiariser avec ces tristes idées.

J'avais ordonné de dresser ma grande tente en dehors, à l'une des extrémités du parc; je la fis entourer de cabanes postiches pour donner le change à l'ennemi, comme on l'avait essayé au Kleins-Vis-Rivier. A l'extrémité de ce parc opposée à ma tente, et dans un de ses angles, nous pratiquâmes une séparation pour mes chevaux, une autre pour mes moutons et mes chèvres; près de là je plaçai ma petite tente, et je me proposai d'y coucher; nous exhaussâmes tellement tout l'entourage du parc avec des arbres épineux, qu'il était impossible qu'aucun animal féroce pût le franchir; par ce moyen mes troupeaux se trouvaient en sûreté dans ce carré d'environ quarante pas, suffisamment libre et commode. Cette espèce de fort pouvait même au besoin me servir de retraite pour moi et les miens, et de là nous eussions bravé deux mille Cafres.

Ces arrangements satisfirent tous mes compagnons, encore plus inquiets que leur chef; et je les vis peu à peu reprendre leur gaieté naturelle. Nous ne négligions pas pour cela les accessoires d'usage: aux approches de la nuit, à cinquante pas de chacune des faces du parc, nous faisions de grands feux pour écarter les lions et les hyènes; nous en allumions d'autres encore auprès de nous, afin d'augmenter mes sûretés. Toutes ces dispositions réussirent à merveille; je repris mes occupations ordinaires, et ne respirai plus que pour la chasse. Dès le premier jour, j'avais vu des volées de perroquets traverser les airs, pour aller s'abattre et boire à la rivière; je les observai et parvins à en tuer un. Sa taille approche de celle du perroquet cendré de Guinée; sa couleur générale est le vert de plusieurs nuances; mais sur chaque jambe et sur le poignet de l'aile il porte une belle couleur aurore.

Nous étions aussi visités en plein jour par des troupes considérables de bavians, singes de la même espèce que mon ami Keès. Ces animaux, étonnés de voir tant de monde, l'étaient encore plus de reconnaître un des leurs paisible au milieu de nous, et qui leur répondait en bon langage. Un jour ils descendirent d'une colline que nous avions à côté de notre camp; en moins d'une demi-heure, plus d'une centaine nous entourèrent de tous côtés; ils répétaient sans cesse *gou-a-cou, gou-a-cou*. La voix de Keès les enhardissait. Il y en avait dans le nombre de beaucoup plus grands les uns que les autres; mais ils étaient tous de la même espèce; ils se perdaient en démonstrations et en gambades qu'on essaierait en vain de décrire. On se tromperait s'ils étaient jugés d'après ces singes abâtardis qui languissent en Europe dans l'esclavage, la crainte et l'ennui, ou périssent étouffés par les caresses de nos femmes, ou même empoisonnés par leurs bonbons. Le ciel épais de nos climats flétrit leur gaieté naturelle et les consume; ce n'est plus qu'avec des coups de bâton qu'on les fait rire.

Mais une singularité que j'ai déjà eu l'occasion de remarquer fixait mon attention. Tout en reconnaissant ses semblables et en leur répondant, Keès, que je tenais par la main, ne voulut jamais les approcher; je le traînais vers eux; et ces animaux, qui paraissaient simplement se tenir sur leurs gardes sans témoigner d'autre crainte, me voyaient arriver avec autant de tranquillité que Keès montrait d'agitation dans sa résistance. Tout à coup il m'échappe, et court se jeter dans ma tente; la crainte peut-être qu'ils ne l'entraînassent avec eux était la cause de son effroi. Il m'était très-attaché; j'aime à lui faire honneur de ce sentiment. Les autres singes continuaient leurs agaceries, et semblaient lutter de gambades et de cris pour m'amuser; rassasié de leur tintamarre et las de ce spectacle, je voulus m'en procurer un autre : un coup de fusil eut bientôt mis tous mes chiens à leurs trousses; ce fut un coup d'œil amusant de voir leur souplesse et leur légèreté dans la course; ils se dispersèrent, et, sautant de rocher en rocher, ils disparurent plus prompts que l'éclair.

Le 13 du mois, je fus réveillé de grand matin par le chant d'un oiseau qui m'était inconnu. Ses tons soutenus et fortement prononcés ne ressemblaient en rien à tout ce que j'avais jusqu'alors entendu. Ils me paraissaient réellement extraordinaires; je me levai sur-le-champ, et j'arrivai fort près de lui sans qu'il m'eût aperçu; mais, comme à peine il faisait jour, je le vis mal au milieu des branches touffues de l'arbre sur lequel il était perché, et j'eus le malheur de le laisser partir. Mais à son vol je crus reconnaître le crapaud volant. Je ne m'étais pas trompé; quelques jours plus tard, j'eus occasion d'en tirer plusieurs autres.

Cet oiseau est très-différent du crapaud volant

que nous connaissons en Europe, et qui n'a qu'un cri plaintif assez semblable à celui du crapaud terrestre, ce qui probablement lui en a fait donner le nom ; mais celui d'Afrique a un chant très-articulé qu'il n'est pas possible d'imiter; il le soutient pendant des heures entières après le coucher du soleil, quelquefois pendant toute la nuit, et cette différence, jointe à celle de sa robe, en fait une espèce nouvelle.

Je tuai plusieurs jolis oiseaux, entre autres un barbu d'une très-petite espèce inconnue, un coucou que j'ai nommé *le criard,* parce qu'en effet son cri perçant se fait entendre à une grande distance; ce cri, ou, pour m'exprimer plus correctement, ce chant, ne ressemble point à celui de notre coucou d'Europe, et son plumage est aussi très-différent. Je trouvai encore dans ce canton beaucoup de ces coucous dorés décrits par Buffon sous le nom de *coucou vert doré* du Cap. Cet oiseau est sans contredit le plus beau de son genre; le blanc, le vert et l'or enrichissent son plumage; perché sur l'extrémité des grands arbres, il chante continuellement, et dans une modulation variée, ces syllabes *di di didric* aussi distinctement que je l'écris ; c'est pour cette raison que je l'avais nommé le *didric.*

Comme je m'amusais ainsi à poursuivre quelques petits oiseaux, j'aperçus une volée de vautours et de corbeaux qui faisaient grand bruit en tournoyant dans l'air; arrivé presque au-dessous d'eux, je vis les restes d'un buffle que des lions avaient dévoré il n'y avait peut-être pas vingt-quatre heures. Au premier aspect du champ de bataille, j'augurai que le combat avait été terrible; tous les environs étaient battus et labourés; je pouvais compter combien de fois le buffle avait été terrassé; je trouvai çà et là éparses des touffes de la crinière des lions, qu'il avait sans doute arrachées soit avec ses pieds, soit avec ses cornes.

Je n'étais pas éloigné de la rivière; je vis près de là des pas fraîchement imprimés de deux hippopotames; je suivis la trace, et reconnus aisément par quel endroit ils avaient regagné l'eau. Je prêtai l'oreille inutilement et n'entendis rien; je ne pouvais gagner les bords de la rivière, tant ils étaient obstrués et garnis de roseaux et d'arbrisseaux; ces hippopotames avaient toute facilité pour se tenir cachés et s'exempter de faire le plongeon. J'aurais perdu trop de temps à les attendre; l'heure du dîner approchait; j'étais à jeun et fatigué; mon crapaud volant et les autres oiseaux m'avaient mené fort loin. Dans le moment où, pour rejoindre mon camp par le plus court chemin, je m'orientais et consultais le soleil, un coup de fusil tiré presque à mon oreille me fit tressaillir, et me causa d'autant plus d'épouvante que je m'y attendais moins. Ce coup ne pouvait venir que de quelqu'un de mes gens; je courus vers le côté d'où je l'avais entendu partir, et je trouvai le plus mauvais de mes chasseurs en train de brûler ma poudre. Depuis la pointe du jour, il guettait, me dit-il, un hippopotame, et venait de le tirer; il ne doutait point que l'animal ne fût tué. Un coup heureux peut partir d'une main maladroite; quoiqu'il fallût plus d'un grand quart d'heure pour voir l'animal remonter sur l'eau, je résolus de l'attendre moi-même, et j'envoyai mon Hottentot chercher du monde, en lui donnant commission de m'apporter quelque nourriture. Après une heure et demie d'impatience, mes gens arrivèrent; mais l'hippopotame n'avait point encore reparu ; le chasseur m'assurait cependant qu'après avoir tiré son coup il l'avait vu s'enfoncer dans l'eau, et qu'en même temps il avait remarqué beaucoup d'ébullitions et plusieurs taches de sang à la surface ; il ajoutait que, le courant étant très-fort, l'animal avait peut-être dérivé entre deux eaux, ce que je trouvai plus croyable; il partit donc, dans l'espérance de le rencontrer plus bas ; moi, je regagnai le camp pour y disséquer les oiseaux que j'avais tués.

Vers les trois heures après midi, nous fûmes assaillis par un orage terrible, et le tonnerre tomba plusieurs fois sur la forêt qui bordait la montagne. Un de mes gens revint avec une gazelle qu'il avait tuée, et celui qui avait tiré l'hippopotame arriva fort tard sans avoir rien vu. On se moqua beaucoup de lui ; il fut l'objet des sarcasmes de mes beaux esprits ; chacun disait son mot : on voulait lui persuader que c'était sur un légouane (espèce de gros lézard) qu'il avait lâché son coup de fusil. Les plaisanteries faisant insensiblement place aux injures, je vis l'instant où les épigrammes allaient se terminer par un noble combat à coups de poing; je mis fin par un mot à leur verve bilieuse, et contraignis les orateurs au silence.

Le 14, la pluie tomba toute la nuit avec une telle abondance, qu'elle éteignit nos feux sans qu'il fût possible de les allumer. Nos chiens faisaient un vacarme affreux, qui nous tint tous éveillés, cependant nous ne vîmes aucun animal féroce; j'ai observé que dans ces nuits pluvieuses le lion, le tigre et l'hyène ne se font jamais entendre; c'est alors que le danger redouble; car, comme ces animaux ne cessent pas pour cela de rôder, ils tombent sur leur proie sans être annoncés et sans qu'on ait le temps de les prévenir; ce qui ajoute encore à l'effroi que devrait causer cette circonstance fâcheuse, c'est que, l'humidité ôtant le flair aux chiens, leur secours est presque nul; mes gens n'étaient que trop instruits de ce danger: lorsque la pluie éteignait nos feux pendant la nuit, ils avaient beaucoup de peine à prendre sur eux de les rallumer, tant ils craignaient les surprises.

Il faut convenir que les nuits orageuses des déserts d'Afrique sont l'image de la désolation, et qu'on s'y sent involontairement frappé de terreur. Quand ces déluges vous surprennent, ils ont bientôt traversé, inondé une tente et des nattes; une suite continuelle d'éclairs fait éprouver vingt fois dans une minute le passage subit et précipité d'un jour effrayant à l'obscurité la plus profonde; les coups assourdissants du tonnerre, qui éclatent de toutes parts avec un fracas horrible, s'entre-choquent, se multiplient, renvoyés de montagnes en montagnes; le hurlement des animaux domestiques, quelques intervalles d'un silence affreux : tout concourt à rendre ces moments plus lugubres. Le danger des attaques de la part des bêtes féroces ajoute encore à la terreur commune : il n'y a que le jour pour diminuer l'effroi et rendre le calme à la nature.

Il survint, mais triste encore et chargé de nuages; la pluie redoublait par intervalles. N'étant point disposé à sortir, je m'occupai à faire la revue des oiseaux de ma collection nouvellement préparés; j'en avais suffisamment pour en remplir une caisse; je la fis avec beaucoup de soin, et la calfeutrai, selon ma coutume, pour empêcher les insectes d'y pénétrer; la récapitulation générale, tant de ceux que je possédais actuellement que des envois précédents que j'avais faits du pays d'Auteniqua, passait déjà sept cents pièces.

Vers quatre heures du soir le ciel s'épura, et vint ranimer fort à propos nos courages abattus. Nous reprîmes nos exercices accoutumés. Je m'amusai à faire tirer au blanc ; c'était un grand plaisir pour mes Hottentots, et j'avais soin de le leur procurer de temps en temps; il les tenait en haleine, et j'avais remarqué qu'à dater des commencements du voyage leur assurance avait augmenté en proportion de leur adresse ; ils recevaient de moi comme une faveur ce que je ne leur accordais que dans la vue politique d'une plus grande sécurité pour ma caravane. Le prix était ordinairement une ration de tabac ; une bouteille accrochée à un rocher servait de but ; la condition était de la casser à deux cent cinquante pas. Ce fut un nommé Pit qui ce jour-là, au cinquante-quatrième coup, remporta le prix ; il le partagea généreusement avec tous ceux qui avaient concouru avec lui. Les balles n'étaient pas toutes perdues pour cela, on les retrouvait presque toujours au pied de la roche ; il n'en coûtait que la refonte.

Le coucher du soleil nous promit du beau temps pour le lendemain, et je formai le dessein de faire sérieusement la chasse aux hippopotames. J'envoyai plusieurs hommes à la découverte le long de la rivière ; nous nettoyâmes toutes nos armes à feu ; nous fondîmes des balles de gros calibre, dans lesquelles je mettais, suivant l'usage d'Afrique, un huitième d'étain. Les balles, par ce moyen, sont d'une plus grande résistance ; elles pénètrent mieux, parce qu'elles ne s'aplatissent point sur les os ; elles seraient encore d'un effet plus certain s'il était possible de n'en employer que d'étain pur ; mais, devenues plus légères, elles ne porteraient pas si loin et ne toucheraient jamais si juste. Après que les feux pour la nuit furent allumés, ce qui ne se fit pas facilement, parce que la terre était humide et le bois fort mouillé, je régalai mes gens avec du thé ; je suis persuadé que sur une once ils firent passer au moins cinquante pintes d'eau bouillante.

Cette soirée fut une des plus amusantes que j'eusse encore passées. Toujours mêmes quolibets, mêmes contes plaisants de la part de ces bonnes gens, qui, tous assis en rond autour d'un grand feu, s'évertuaient pour amuser leur maître, et, jaloux de fixer son attention et de lui donner des preuves d'attachement et de cordialité, lui faisaient aisément oublier le chef-d'œuvre que l'on couronnait ce jour-là dans telle académie. Certes mon lycée en valait bien un autre. Il fut surtout question des prouesses du lendemain à la chasse des hippopotames ; tout le monde espérait être de la fête ; j'eus beaucoup de peine à arranger cette partie de façon que chacun fût content. Je voulais que quelques chasseurs se distribuassent dans la campagne pour tirer des gazelles, sur lesquelles je faisais plus de fond pour notre cuisine que sur les hippopotames, attendu que la rivière avait ses bords si couverts de roseaux et de grands arbres, qu'il me paraissait toujours plus difficile de les découvrir et de les approcher. Cependant la nuit avançait, et je ne voyais point arriver les chasseurs que j'avais envoyés à la découverte ; je fis tirer trois coups de mon gros calibre ; il se passa presque une demi - heure sans qu'on nous répondît; à la fin nous distinguâmes, à quatre ou cinq minutes d'intervalle, trois coups qui nous firent juger qu'ils étaient peut-être adressés à des hippopotames ; un quart d'heure après nous entendîmes encore trois autres coups; mais le son ne nous parut pas venir de si loin que les premiers; enfin, d'intervalle en intervalle, toujours mêmes décharges, et toujours plus rapprochées de nous; ce qui nous persuada que ces malheureux fuyaient la poursuite de quelques bêtes féroces. J'allais voler à leur rencontre; ils parurent, effarés et tremblants. Ils n'avaient cependant rien aperçu; mais à l'inquiétude des deux chiens qu'ils avaient emmenés avec eux, il était trop clair que des lions marchandaient leur vie, et qu'ils avaient eu tout à craindre dans leur chasse. Les chiens, comme on va le voir, ne les avaient point trompés; j'appris d'eux encore qu'ils avaient ouï le grognement de quelques hippopotames au-dessus de l'endroit où ils s'étaient embusqués; ce rapport fortifia mes espérances. Mais nous avions grand besoin de repos; je rentrai dans ma tente. Je n'étais pas encore endormi à onze heures et demie : tout à coup le rugissement d'un lion qui n'était qu'à cinquante pas de nous frappe mon oreille ; il se faisait entendre d'un autre lion, qui paraissait d'abord lui répondre de fort loin; mais au bout d'un quart d'heure celui-ci vint le rejoindre, et tous deux se mirent à rôder près du camp. Nous fîmes une patrouille si hardie et si prompte, et nous tirâmes à la fois tant de coups de fusil, que nos décharges les intimidèrent et les forcèrent de gagner tout à fait le large. Nous ne doutâmes plus que ce ne fussent les mêmes qui avaient suivi nos chasseurs. Pour cette fois ils devaient leur salut aux chiens qu'ils avaient emmenés. Avertis par eux du danger qui les menaçait, les coups de détresse qui s'adressaient à nous avaient suffi pour tenir l'ennemi en respect.

On ne saurait exprimer à quel point les chiens les plus hardis tremblent à l'approche du lion.

Rien n'est si facile pendant la nuit que de deviner à leur contenance quelle est l'espèce d'animal féroce qui se trouve dans le voisinage. Si c'est un lion, le chien, sans bouger de la place, commence à hurler tristement. Il éprouve un malaise et la plus étrange inquiétude ; il s'approche de l'homme, le serre, le caresse ; il semble lui dire : « Tu me défendras. » Les autres animaux domestiques ne sont pas moins agités ; tous se lèvent, rien ne reste couché ; les bœufs poussent à demi-voix des mugissements plaintifs ; les chevaux frappent la terre et se retournent en tous sens ; les chèvres ont leurs signes pour exprimer leur frayeur ; les moutons, tête baissée, se rassemblent et se pressent les uns contre les autres ; ils n'offrent plus qu'une masse, et demeurent dans une immobilité complète. L'homme seul, fier et confiant, saisit ses armes, palpite d'impatience et soupire après sa victime.

Dans ces occasions, l'épouvante de Keès était la plus marquée ; aussi effrayé des coups de fusil que nous tirions que de l'approche du lion, le moindre mouvement le faisait tressaillir ; il se plaignait comme un malade, et se traînait à mes côtés dans une langueur mortelle. Mon coq paraissait seulement étonné de toute cette agitation convulsive de mon camp ; un simple épervier l'eût jeté dans la consternation ; il craignait plus l'odeur d'une belette que tous les lions réunis de l'Afrique : c'est ainsi que chaque être a son ennemi qui le défie, et celui-ci fléchit à son tour devant un plus fort. L'homme brave tout, si ce n'est son semblable.

On voit à la vérité des animaux d'une même espèce se livrer entre eux des combats; mais la passion qui les désunit les y force momentanément ; après quoi tout rentre dans l'ordre. On remarque chez les animaux domestiques des haines plus suivies et plus durables. Est-ce l'effet de l'éducation, ou de l'exemple ?

Je reviens aux différences par lesquelles le danger s'annonce ; on croira sans peine qu'aucun autre n'a été à portée d'en mieux apprécier les détails; et tous les livres, toutes les compilations, toute l'éloquence spéculative, ne sauraient prévaloir contre des observations pratiques tant de fois répétées sur le grand théâtre des déserts d'Afrique.

Si c'est une hyène qui parcourt le voisinage, le chien le plus hardi la poursuit jusqu'à une certaine distance, et ne paraît pas la craindre extrêmement ; le bœuf reste couché sans témoigner de frayeur, à moins que ce ne soit une jeune bête qui entende pour la première fois cet animal dangereux ; il en est de même du cheval, qui, le pied passé dans son licou, reste la nuit sur le pré et ne le craint en aucune façon.

Si ce sont des chacals (espèce de renards), les chiens les poursuivent avec vigueur, et le plus loin possible, à moins que, pour le salut de ceux-là, il ne se trouve dans les environs des hyènes ou des lions; car, dès qu'ils en ont connaissance, la peur les force à rebrousser chemin et les ramène bientôt au gîte.

Les Hottentots prétendent que le chacal est l'espion envoyé par les autres bêtes féroces ; qu'il vient agacer et défier les chiens pour s'en faire suivre, afin que le lion ou l'hyène, saisissant leur avantage, puissent plus facilement s'emparer de leur proie, qu'ils partagent amiablement avec lui, en reconnaissance du service qu'ils en ont reçu.

Ce que j'ai vu vient assez à l'appui de cette assertion, peut-être exagérée ; il est certain que du moment que les chacals commencent leurs concerts on ne tarde pas à entendre arriver les hyènes ; elles ne se montrent cependant à découvert que lorsqu'elles voient les chiens bien engagés. Nous en gardions toujours deux à l'attache, pour aboyer en l'absence des autres, afin d'empêcher que l'hyène, qui craint le feu moins que le lion, ne nous approchât de trop près.

Le lendemain, 15 du mois, à peine faisait-il jour, que nous étions tous sur pied. Après le déjeuner, je fis partir trois chasseurs pour le bois et pour la plaine, avec ordre de chasser des buffles, des gazelles de parade, des gnous et des coudoux ; d'une autre part, je pris avec moi quatre des meilleurs tireurs, et trois hommes pour porter ma grosse carabine, les munitions et quelques pièces de viande séchée, dans le cas où nous serions obligés de passer toute la journée en campagne ; je laissai le vieux Swanepoël avec le reste de mon monde à la garde du camp, et nous partîmes.

En côtoyant la rivière, nous nous approchions de son bord autant qu'il nous était possible, et dans le plus grand silence ; nous marchâmes ainsi trois bonnes heures sans avoir rien découvert. Enfin nous reconnûmes le pas d'un hippopotame qui devait avoir passé là pendant la nuit ; nous suivîmes cette trace l'espace d'une heure et demie ; elle nous conduisit à l'endroit où l'animal s'était jeté à l'eau : à l'instant nous nous distribuâmes le long du bord, à quelque distance les uns des autres, pour prêter l'oreille. Il partit un coup de fusil tiré par celui de mes gens qui était le plus éloigné ; nous courûmes à lui ; il avait vu et ajusté l'animal ; mais il l'avait manqué. Heureusement nous n'attendîmes pas longtemps sans le voir reparaître et l'entendre respirer ; toute sa tête était hors de l'eau ; mais il s'était dirigé vers la rive opposée. La rivière était fort large ; deux de mes gens se mirent à la nage et la traversèrent, dans l'espoir de forcer l'animal à tenir au moins le milieu, s'ils ne pouvaient l'amener à notre portée. Cette épreuve réussit complétement ; mais l'hippopotame montrait tant de défiance, qu'à peine pour respirer sortait-il le bout du nez hors de l'eau ; changeant de place à tout instant, il ne se remontrait jamais dans l'endroit où nous l'attendions ; il replongeait si souvent et si vite, qu'il ne nous donnait pas même le temps de l'ajuster. Déjà nous avions tiré une trentaine de coups sans qu'aucun l'eût atteint ; les deux Hottentots qui avaient passé la rivière n'avaient point de fusil ; l'animal rusé, qui remarquait qu'on ne tirait point de leur coté, s'y tenait de préférence. Je fis partir Pit, celui de mes chasseurs qui en dernier lieu venait de remporter le prix au blanc ; je lui commandai de passer la rivière hors de la vue de l'animal, de faire un détour pour rejoindre ses deux camarades, et surtout de ne point tirer sans être sûr de son coup. Il exécuta mes ordres avec beaucoup d'intelligence ; l'animal, qui, de l'autre bord se sentant hors de notre portée, n'avait point de défiance, levait quelquefois la tête presque entière hors de l'eau ; dans un de ces moments Pit l'ajusta si bien, que l'hippopotame, en recevant le coup, replongea. Il était bien touché, j'en étais certain ; il reparut en effet bientôt, sortant la plus grande partie de son corps et se débattant convulsivement ; c'est alors que je lui envoyai une balle dans la poitrine. Il s'enfonça de nouveau et ne reparut plus que vingt-sept minutes après ; il était mort, et dérivait au courant ; nos nageurs allèrent à lui, et le poussèrent de notre côté jusqu'au bord du rivage.

Je ne peindrai pas la joie commune lorsque nous vîmes enfin ce monstrueux animal en notre possession ; mais mon monde et moi avions nos motifs, qui ne se ressemblaient guère. La gourmandise le présentait aux yeux de mes gens comme un friand morceau dont ils allaient se gorger, tandis que la curiosité l'offrait à mon esprit comme un objet intéressant d'histoire naturelle que je ne connaissais encore que par les livres et les gravures.

Les jambes de ce quadrupède, fort courtes proportionnellement à son volume, nous favorisaient d'autant mieux que nous pouvions le rouler à terre, comme nous aurions fait d'un foudre d'Allemagne. L'animal était tout aussi rond. Je ne pouvais me lasser d'admirer et d'examiner dans les plus grands détails cette énorme masse. C'était une femelle ; la balle de Pit l'avait atteinte précisément au-dessous de l'œil gauche, et se trouva implantée dans la mâchoire ; je doutai fort qu'elle fût morte de ce coup ; ma balle, au contraire, entrée précisément au défaut de l'omoplate, lui avait cassé une côte et traversait le poumon de part en part.

Elle avait, depuis le mufle jusqu'à la naissance de la queue, dix pieds sept pouces de longueur sur huit pieds onze pouces de circonférence ; ses défenses arquées ne portaient que cinq pouces de long sur un pouce de diamètre dans la partie la plus épaisse ; ce qui me faisait juger qu'elle était encore jeune ; elle n'avait dans l'estomac que des feuilles et quelques roseaux mal broyés ; j'y vis même des morceaux de branche, de la grosseur d'une plume à écrire, qui n'étaient qu'aplatis ; généralement, soit dans l'estomac, soit dans les déjections, on remarque que les grands animaux, comme éléphant, rhinocéros, ne triturent que fort légèrement les différentes nourritures qu'ils prennent.

Je fis partir un Hottentot pour le camp, afin d'amener le lendemain deux forts attelages de bœufs qui transporteraient notre chasse. Le jour avait entièrement disparu ; nous choisîmes le dessous d'un gros arbre pour y passer la nuit ; nous n'étions pas éloignés du bord de l'eau, parce que, n'ayant pu rouler notre animal plus loin, et ne voulant pas l'abandonner au hasard d'être dévoré par les bêtes carnassières, nous nous voyions forcés de le garder à vue. Nous étions environnés et couverts de beaucoup d'arbres, ce qui rendait notre position plus critique ; nous pouvions être aisément surpris ; mais au moyen de feux extraordinaires que nous allumâmes, et d'une vingtaine de coups de fusil qui furent tirés par intervalles, nous eûmes une nuit fort tranquille. Il ne nous fut cependant pas possible de dormir ; attirés par le voisinage de l'eau et la fraîcheur de l'emplacement que nous occupions, des myriades de cousins nous dévoraient ; un de mes Hottentots qui s'était endormi avait tellement été piqué, que son visage, démesurément enflé, le rendait méconnaissable.

J'avais eu soin de faire couper un pied de l'hippopotame, qu'on m'accommoda comme on avait fait, environ cinq mois auparavant, de celui du premier éléphant que j'avais tué avant de traverser la montagne Duyvels-Kops, pour passer du pays d'Autenigua dans celui de Lange-Kloof.

J'eus toutes les peines du monde pour mettre mes gens à l'ouvrage ; ils avaient passé toute la nuit à se bourrer d'hippopotame ; je les avais vus faire cuire des émincés d'un pied de large et de deux ou trois de longueur ; ils ne se sentaient d'autre besoin que celui de dormir.

On me servit pour mon déjeuner le pied qu'on m'avait fait cuire pendant la nuit ; il était succulent ; je le crois supérieur à celui de l'éléphant. Il est plus délicat, et jamais je n'ai rien mangé qui m'ait fait plus de plaisir.

Quoique l'hippopotame soit extrêmement gras, sa graisse n'a rien de dégoûtant et ne produit point les mauvais effets de celle des autres animaux ; mes gens la faisaient fondre et la buvaient par écuellées, comme on avale un bouillon ; ils s'en étaient en outre si bien frottés, qu'on les eût dit vernissés, tant ils étaient luisants, et leurs ventres tendus montraient assez que le repas de la nuit n'avait point été frugal.

J'avais oublié de demander un cheval pour moi ; Swanepoël y avait pensé. La chaleur était excessive ; six grandes lieues nous séparaient du gîte. Je fis attacher l'hippopotame par la tête à une forte chaîne, et l'on y attela douze bœufs. Tant que nous longeâmes la rivière, ils éprouvèrent beaucoup de peine et de fatigue, soit par l'inégalité du chemin, soit par les troncs d'arbre qui gênaient à tous moments le passage ; mais une fois arrivés sur la plaine, couverte d'herbes assez hautes, je fis changer les relais ; et, voyant qu'ils allaient assez rondement, je montai à cheval pour gagner le devant. Jager, mon chien favori, qui ne me quittait jamais et me suivait à la chasse et dans toutes mes courses, fut obligé pour cette fois de rester en arrière, ne pouvant se traîner ; il avait imité mes Hottentots, et n'arriva qu'avec eux vers les cinq heures du soir.

Les trois chasseurs que j'avais envoyés d'un autre côté étaient aussi de retour avec bonne prise ; ils avaient tué deux gnous, trois gazelles de parade ; de façon que nous trouvions tout d'un coup abondance de vivres ; mais la grande chaleur et le frottement de l'hippopotame sur la terre l'avaient avancé et meurtri, de manière que quelques-unes des parties les plus susceptibles comme les plus délicates étaient endommagées, et commençaient à se gâter. Cela nous obligea à passer la nuit à le dépecer ; on en sala une partie dans les deux peaux de gnous que mes chasseurs avaient rapportées ; je fis mettre à part les meilleurs morceaux dans une barrique d'eau-de-vie qu'on défonça, après avoir transvasé dans des cruches ce qui pouvait y rester de liqueur ; mes gens profitèrent de cette opération et s'enivrèrent.

La nuit suivante, nos deux lions revinrent encore ; je crois que toutes les hyènes et tous les chacals s'étaient assemblés pour nous rendre visite. Une hyène osa traverser nos feux et arriver jusqu'à nous ; elle fut manquée par un Hottentot qui la tira. Les chacals venaient jusque dans le camp ; sans le renfort de nos chiens, nous eussions été forcés de partager notre chasse avec ces animaux, qui ne paraissaient pas d'humeur à en avoir le démenti.

Le lendemain, nos gens s'occupèrent à dépecer la peau de l'hippopotame, pour en faire ce qu'on appelle dans le pays des *Chanboc*. Ce sont les fouets en usage pour frapper les bœufs qui sont sous la main du conducteur au timon du chariot; ils ont la forme de ceux dont on se sert en Europe pour monter à cheval, mais ils sont plus gros et plus longs; et comme dans la plus grande épaisseur la peau peut avoir deux pouces, on la coupe en lanières de deux pouces de large; ce qui donne à toutes ces pièces deux pouces d'équarrissage en tous sens; ils ont environ six pieds de long. On les suspend, et l'on attache un poids à l'extrémité inférieure pour les faire sécher; on les arrondit à coups de maillet, en observant de les faire venir à rien par l'un des bouts. Ceux qu'on rend plus minces pour monter à cheval ont sur ceux d'Europe l'avantage de ne jamais rompre, surtout si de temps à autre on prend soin de les lustrer avec un peu d'huile.

On fait un usage pareil du cuir de rhinocéros; les habitants du Cap lui donnent même la préférence, quoique ce fouet soit moins solide, mais parce qu'il prend un plus beau poli et une couleur de corne presque transparente. Pour les colons, qui ne sont point élégants et qui préfèrent l'utile à l'agréable, ils ne font usage que des premiers; les uns et les autres se vendent actuellement assez cher, les deux espèces d'animaux qui fournissent la matière de ces fouets ne se trouvant plus dans les colonies, et ceux des particuliers qui pénètrent quelquefois au delà n'étant pas sûrs d'en rencontrer.

Au reste, la peau de ces animaux ne peut guère

s'employer mieux ; elle est trop épaisse pour servir à d'autres usages. Elle ressemble beaucoup, si l'on met à part son épaisseur, à celle du cochon ; l'hippopotame lui-même approche un peu de cet animal : leur lard n'aurait point de différence pour les personnes qu'on n'en aurait pas prévenues ; si la salaison de celui-ci pouvait se faire avec toutes les précautions requises, on lui donnerait la préférence avec d'autant plus de raison, que dans la colonie cette graisse passe pour être très-saine : par exemple, on est persuadé au Cap qu'elle suffit, prise en potion, pour guérir radicalement les personnes attaquées de la poitrine ; celle que je conservais dans les outres de peau n'avait que la consistance ordinaire de l'huile d'olive dans les grands froids de l'hiver.

On reconnaît dans les défenses de l'hippopotame une qualité qui lui donne la préférence sur l'ivoire ; celui-ci jaunit avec le temps ; mais, de quelque façon que les autres soient préparées, elles conservent leur blancheur dans toute sa pureté ; il ne faut pas s'étonner si les Européens en font un assez gros objet de trafic, et surtout les Français ; aidés par l'art, elles suppléent à la nature, et figurent admirablement dans la bouche d'une jolie femme.

Mes Hottentots avaient compté sur une seconde chasse ; l'appât était séduisant. Je trouvai que nous avions assez de provisions, et qu'il fallait employer plus utilement notre temps, ou du moins varier un peu nos occupations, je devrais dire nos plaisirs. L'envie me prit d'essayer ici mon filet ; nous trouvâmes difficilement un endroit de la rivière commode pour le lancer ; mais nous y réussîmes tant bien que mal. Nous ne pûmes tirer qu'une vingtaine de poissons de deux ou trois espèces; le plus long avait à peu près six pouces; frits à la graisse d'hippopotame, ils me parurent excellents. Cette pêche ne nous procurant nul profit qui méritât de nous fixer, et l'embarras d'approcher de la rivière à notre gré m'ayant tout à coup dégoûté, je fis retirer le filet. Dans le moment où l'on s'occupait à le plier, il vint auprès de nous un oiseau qui, loin de s'effaroucher en nous voyant, s'approchait de plus en plus et poussait des cris fort aigus; on me dit que c'était l'oiseau qui découvre le miel. Je remarquais dans ses cris et ses manières beaucoup d'analogie avec l'oiseau connu des ornithologistes sous le nom de *coucou indicateur;* mais il était beaucoup plus gros que celui que je connaissais déjà. Mes Hottentots, qui le respectent à cause des services qu'il leur rend, me demandaient grâce pour lui; mais c'était une espèce nouvelle à joindre à ma collection; je l'abattis. Il était du genre de l'indicateur connu; mais, plus grand et différent par son plumage, c'en était une variété. J'ai fait plus par la suite: j'ai tué trois différentes espèces de ces oiseaux, tous également *indicateurs*.

Les sauvages de l'Afrique les connaissent bien, et les ménagent comme des divinités; ces oiseaux ne vivent que de miel ou de cire; ce sont eux qui leur indiquent involontairement les magasins où l'on trouve abondamment de l'un et de l'autre.

Les naturalistes placent, on ne sait pas pourquoi, l'indicateur parmi les coucous; il ne tient pourtant de ce genre que par la conformation des pieds, et, différent par les autres caractères physiques, il l'est encore beaucoup plus par ses mœurs. Au risque d'encourir l'anathème des cabinets scientifiques, il faut répéter sans cesse que les gros livres ne sont rien auprès du grand livre de la nature, et qu'une erreur, pour avoir été consacrée par cent plumes éloquentes, ne peut cesser d'être une erreur.

Cet oiseau n'est pas plus coucou que les pics, les barbus, les perroquets, les toucans, et toutes les autres espèces qui ont deux doigts devant et deux derrière; s'il devait être rangé dans une classe connue, il appartiendrait plutôt à celle des barbus, parce que c'est avec elle qu'il se trouve avoir le plus d'analogie.

Je n'ai trouvé dans son estomac que de la cire et du miel; pas le moindre débris d'insecte ne s'y faisait apercevoir. Sa peau est épaisse, et le tissu en est si serré, que lorsqu'elle est encore fraîche, on peut à peine la percer avec une épingle. Je ne vois là qu'une admirable précaution de la Providence, qui, l'ayant destiné à disputer sa subsistance au plus ingénieux des insectes, lui a donné une enveloppe assez forte pour le mettre à l'abri des piqûres.

Il fait son nid dans des creux d'arbres, il y grimpe comme les pics, et couve ses œufs lui-même. Ce caractère de ses mœurs suffit pour le séparer totalement du coucou et en faire un nouveau genre.

Mon Hottentot Klaas, en revenant de la chasse, m'apporta un aigle qu'il avait tué. C'était une espèce que je n'avais pas encore vue, et qui n'est décrite par aucun auteur. Je le récompensai dignement, et lui donnai double ration de tabac, pour exciter par cet exemple tous mes gens à me faire quelques découvertes.

Cet oiseau, entièrement noir, me semblait par son caractère tenir autant du vautour que de l'aigle; mais j'ai reconnu qu'il en diffère par les mœurs.

L'analogie est grande dans tout le reste ; car, au besoin, l'aigle devient vautour : c'est-à-dire que, pressé par la faim, s'il ne se présente rien de mieux pour l'instant, il se jette aussi bien qu'aucun autre oiseau de proie sur une charogne empestée, et c'est une erreur grossière que de s'imaginer qu'il ne vit que de sa chasse. Lorsque je faisais répandre les débris des gros animaux que nous avions tués, pour attirer les oiseaux carnivores, les aigles, les pies-grièches même, arrivaient à la curée tout aussi bien que les vautours.

Je demande bien pardon aux poëtes anciens et modernes de dégrader ainsi la noblesse de ce fier animal ; il est affreux, je l'avoue, de voir cette sublime monture du puissant maître des dieux s'abattre honteusement sur les débris épars d'une charogne infecte, et s'y repaître à son plaisir.

Le 18, nous passâmes la moitié de la nuit à faire le coup de fusil, pour écarter encore nos deux lions et la troupe vorace des hyènes ; je ne m'endormis que fort tard. A mon réveil, quelle fut ma surprise de me voir entouré, au milieu de mon camp, d'une vingtaine de sauvages gonaquois ! Cette visite et ses suites méritent de plus amples détails ; le lecteur, dans ce simple récit, puisera plus de vérités sur l'état positif des sauvages d'Afrique que dans tous les discours des philosophes.

Le chef s'approcha pour me faire son compliment ; les femmes, dans toute leur parure, marchaient derrière lui : elles étaient luisantes et fraîchement *boughouées*, c'est-à-dire qu'après s'être frottées avec de la graisse, elles s'étaient saupoudrées d'une poussière rouge qu'elles font avec une racine nommée dans le pays boughou, et qui porte une odeur assez agréable. Elles avaient toutes le visage peint de différentes manières ; chacune d'elles me fit un petit présent. L'une me donna des œufs d'autruche, une autre un jeune agneau ; d'autres m'offrirent une abondante provision de lait dans des paniers qui me paraissaient être d'osier. Ce dernier cadeau m'étonna. Du lait dans des paniers ! me dis-je ; voilà une invention qui annonce bien de l'industrie. Me rappelant ces pots au lait en cuivre dont on se servait autrefois à Paris avant que la sagesse de la police les eût à jamais proscrits, je vis, en les comparant avec les vases si propres qui m'étaient présentés, combien un grand peuple, avec ses arts, ses grands hommes et son Louvre, est souvent loin, pour les besoins les plus simples, des peuples qu'il méprise.

Ces jolis paniers se fabriquent avec des roseaux si déliés et d'une texture si serrée, qu'ils peuvent servir même à porter de l'eau, ils m'ont été, pour cet usage, d'une grande ressource dans la suite ; le chef des Gonaquois m'apprit qu'ils étaient l'ouvrage des Cafres, avec lesquels ils les échangent contre d'autres objets.

Ce chef se nommait Haabas ; il me fit présent d'une poignée de plumes d'autruche du choix le plus rare. Pour lui montrer le cas que je faisais de son présent, je détachai sur-le-champ le panache de la même espèce que je portais à mon chapeau, et je mis le sien à la place : je remarquai dans les traits du bon vieillard toute la satisfaction qu'il en ressentait ; il me témoigna par ses gestes et ses paroles combien il était enchanté de mon action.

Mon tour vint de prouver à ce chef ma reconnaissance : je commençai par lui faire donner quelques livres de tabac. J'allais me procurer à peu de frais une scène délicieuse et faire plus d'un heureux. D'un simple signe, Haabas fit approcher tout son monde; dans un clin d'œil ils formèrent un cercle, et s'accroupirent comme des singes; tout le tabac fut distribué, et je remarquai avec beaucoup de plaisir que la portion que s'était réservée Haabas égalait tout au plus celle des autres. Je me sentis touché de cette bonhomie et de l'esprit d'équité que je voyais briller en lui d'une façon si naïve et si simple ; j'ajoutai au présent que je venais de lui faire, pour lui personnellement, un couteau, un briquet, une boîte d'amadou, et un collier de très-gros grains de verroterie. Je donnai aux femmes des colliers et du fil de cuivre pour des bracelets.

J'avais fait tuer un mouton et cuire une bonne quantité de notre hippopotame pour régaler nos hôtes; ils se livrèrent à tous les excès de la gaieté ; tout le monde dansa, et mes Hottentots, en hommes polis et galants, régalèrent les sauvages de leur musique.

Je songeai à faire ramasser de bonne heure le bois nécessaire pour nos feux; cette opération ne fut pas longue; les Gonaquois se mirent de la partie, et firent une ample provision pour eux-mêmes; car je leur avais permis de rester jusqu'au lendemain, et leur avais assigné pour passer la nuit une place éloignée de mon camp.

Le soir, lorsque ces feux furent allumés, je régalai mon monde avec du thé et du café.

Je détachai deux de mes gens armés pour passer la nuit auprès de ces Gonaquois et les défendre contre l'approche des animaux carnassiers; lorsque tout le monde se fut retiré, j'ordonnai qu'on ne laissât plus entrer ni sortir personne.

J'eus beaucoup de peine à m'endormir ; tout ce qui venait de se passer depuis l'arrivée des sauvages se retraçait à mon imagination sous des couleurs si bizarres et si nouvelles ; ce que j'apprenais du caractère et des mœurs de ces peuples, comparé aux relations fades et ridicules de nos romanciers voyageurs, me semblait si pur, si simple et si touchant ; mes conversations particulières avec Haabas m'avaient si vivement intéressé, que je maudissais jusqu'aux rapides instants enlevés à ces scènes animées, et regrettais de n'en pas voir se prolonger le cours.

A mon réveil, j'allai visiter le camp des Gonaquois ; l'aurore commençait à peine à briller ; roulés en pelotons sous leurs kros (manteaux de peaux), ils étaient tous plongés dans le plus profond sommeil.

Je leur souhaitai le bonjour par un coup de fusil tiré à leurs oreilles : je vis aussitôt toutes ces têtes effrayées sortir de dessous leurs kros, et m'offrir le plus comique des tableaux. Cependant quelques-uns des dormeurs ne se réveillèrent pas, ce qui ne doit pas surprendre, car le sommeil chez les Hottentots est voisin de la léthargie.

Je les laissai reprendre à leur aise l'usage de leurs sens, et j'allai côtoyer la rivière pour visiter quelques oiseaux avant que la chaleur se fît sentir. Ma chasse fut heureuse. Après avoir déposé son produit dans ma tente, je retournai au camp de mes hôtes ; je n'y trouvai que les hommes : toutes les femmes avaient disparu ; on m'apprit qu'elles venaient de partir pour se baigner.

A leur retour, je fis déjeuner mes hôtes. Puis on m'apporta ma table sur laquelle je faisais mes dissections, et je me mis devant eux à écorcher les oiseaux que j'avais tués le matin. Cette opération les intriguait fort, et ils m'examinaient avec beaucoup d'intérêt.

Haabas m'engageait à lever mon camp pour l'aller placer près de sa horde, où je trouverais une grande variété d'oiseaux de toute espèce ; il me fit comprendre que je n'en étais éloigné que d'environ deux lieues ; je lui promis de l'aller voir sous peu de jours.

Il se disposait à partir. Je le fis dîner avec tout son monde, et lui donnai en particulier une petite provision de tabac, ce qui lui fit grand plaisir.

Enfin, après mille adieux répétés, ces bonnes gens me quittèrent ; je les fis accompagner par un des miens, que je chargeai de reconnaître la route et de me faire quelques échanges pour des moutons.

Dans les trente-six heures que je venais de passer avec ces Gonaquois, j'avais eu le temps de faire des observations qui me devenaient utiles, particulièrement sur leur parler. J'avais remarqué qu'ils *clappent* la langue comme les autres Hottentots ; j'expliquerai par la suite ce que c'est que ce *clappement*, et la manière dont ils le varient. Avec un idiome semblable ils avaient cependant des finales que ni mes gens ni moi ne comprenions pas toujours.

Ils différaient des miens par la teinte de leur peau plus foncée, par leur nez moins camus, leur taille plus haute, mieux prononcée, en un mot, par un air et des formes plus nobles.

Lorsqu'ils abordent quelqu'un, ils présentent la main en disant : *Tabé* (je vous salue) ; ce mot et cette cérémonie, qui sont aussi d'usage chez les Cafres, n'ont point lieu parmi les Hottentots proprement dits.

Cette affinité d'usages, de mœurs et même de conformation, le voisinage de la grande Cafrerie, et les éclaircissements que j'ai reçus par la suite, m'ont convaincu que ces hordes de Gonaquois, qui tiennent également du Cafre et du Hottentot, ne peuvent être que le produit de ces deux nations qui se seront antérieurement croisées.

L'habillement des hommes gonaquois, avec plus d'arrangement ou de symétrie, a la même forme que celui des Hottentots ; mais comme ceux-là sont d'une stature plus élevée, ce n'est point avec des peaux de mouton, mais de veau, qu'ils se font des manteaux. Ils les nomment également kros; plusieurs d'entre eux portent à leur cou un morceau d'ivoire ou bien un os de mouton très-blanc, et cette opposition des deux couleurs fait un bon effet et leur sied à merveille.

Il était nuit lorsque le Hottentot que j'avais envoyé avec Haabas arriva de sa horde. Il était accompagné de deux nouveaux Gonaquois, qui m'amenaient un bœuf gras que leur chef me priait d'accepter. Je reçus le bœuf et les moutons qu'ils me présentèrent; je les fis régaler de tabac et d'eau-de-vie. Un de ces Gonaquois me frappa par tout son extérieur. Des traits pleins de douceur et la taille la mieux dessinée faisaient de cet homme un des plus beaux sauvages que j'eusse encore vus; ce fut lui qui me donna sur les Gonaquois des détails que m'avait laissé ignorer Haabas; il m'apprit qu'avant la guerre des Cafres sa horde n'était composée que d'une seule famille; qu'à la mort de son dernier chef elle était restée longtemps sans capitaine; mais que, la guerre étant survenue, la horde de Haabas, qui habitait autrefois les bords de la rivière près de son embouchure, était venue se joindre à la sienne pour réunir leurs forces en cas d'attaque de l'ennemi commun; que, dans les commencements, l'arrivée de Haabas avait occasionné bien des troubles; que la horde ne voulait point le reconnaître, prétendant qu'elle était maîtresse de se choisir elle-même un chef, et qu'il n'était pas juste que des nouveaux venus fissent la loi à une horde qui avait bien voulu les recevoir chez elle : il ajoutait qu'on s'était livré de part et d'autre à de longues querelles, à quelques combats; qu'il y avait eu du sang répandu, quelques sauvages tués, beaucoup de blessés; mais qu'enfin, l'intérêt commun les ayant un jour obligés de se réunir contre une incursion subite des Cafres, la conduite courageuse et prudente de Haabas, qui avait repoussé cette attaque, l'avait fait unanimement proclamer chef des deux hordes, qui, par les alliances, les mariages et la bonne amitié, actuellement n'en faisaient plus qu'une seule.

Mon eau-de-vie commençait à opérer sur le cerveau de ces deux Gonaquois; ils étaient si fort en train de jaser, qu'ils ne tarissaient point dans leurs récits. Il était une heure du matin lorsque je les quittai pour aller reposer; je recommandai à mes gens d'imiter mon exemple, attendu que je destinais la journée du lendemain pour une grande chasse aux oiseaux, et que le point du jour était marqué pour le départ.

Je me mis en marche avec le soleil. Le sauvage dont j'avais remarqué la bonne mine, qui se nommait Amiroo, voulut m'accompagner. Je lui avais donné ma carabine à porter, parce qu'il pouvait arriver, chemin faisant, que nous rencontrassions du gros gibier. La curiosité d'Amiroo ne tarda pas à être satisfaite; nous nous approchâmes à portée ordinaire d'un vautour que j'avais vu arrêté sur une pointe de rocher; mon premier coup le blessa;

comme il partait, mon second l'abattit. Les camarades d'Amiroo, de retour à la horde, lui avaient bien dit que je pouvais tirer plusieurs coups de suite; mais, jugeant tout naturellement de mon arme par les siennes, il ne pouvait croire qu'on pût blesser deux fois avec la même flèche décochée; il fut donc étrangement surpris d'entendre mon second coup et de voir l'animal abattu. Il aurait bien souhaité, disait-il, posséder une arme pareille pour se battre avec les Cafres; il formait ce vœu d'un air et d'un ton à me faire présumer que l'homme, s'il n'est pas le plus fort des animaux, en est le plus noble et le plus courageux. Il me demanda pourquoi les colons n'avaient point de fusils semblables; cette question me parut pleine de sens; quoi qu'il en soit, il me fut impossible d'y répondre. Non-seulement les colons n'en possédaient aucun en effet, mais même, avant mon arrivée, ils n'en avaient jamais vu, et dans toutes les habitations éloignées du Cap on parlait de mon fusil comme d'une merveille, d'une curiosité sans exemple.

D'après ce que j'avais cru entrevoir au milieu de nos conversations, Amiroo imaginait qu'il m'était possible de tirer indéfiniment et à volonté; j'en fus convaincu par la question embarrassante qu'il me fit bientôt. Un milan passa sur nos têtes; je lui envoyai mes deux coups; il fit seulement un crochet, et continua sa route. Amiroo me demanda pourquoi je ne tirais pas jusqu'à ce que je l'eusse tué. Je n'eus d'autre réponse à lui faire, sinon que l'oiseau était trop commun, et que je ne m'en souciais pas; que tant de bruit d'ailleurs pouvait en écarter d'autres, dont j'étais plus curieux : par ce détour assez grossier, j'évitais de lui expliquer ce qu'il était prudent qu'il ignorât toujours, et j'augmentais le crédit et l'idée de supériorité qu'imprime un blanc à toute espèce de sauvages.

Ma chasse fut assez heureuse. Entre autres pièces, je tuai un coucou qui formera une espèce nouvelle et entièrement inconnue. Son plumage n'a rien de remarquable; il est presque par tout le corps d'un brun noir; son ramage est composé de plusieurs sons diversement accentués; il se fait entendre de fort loin; comme il passe des heures entières à chanter sans aucune interruption, il se trahit lui-même et appelle le chasseur. Je l'ai nommé *le criard* dans mon ornithologie. Je tuai aussi quelques gobe-mouches et beaucoup de touracos, dont nous fîmes des fricassées bien supérieures à celles de pintades et de perdrix mises à la même sauce.

Amiroo, me voyant abattre aussi lestement toutes sortes de petits oiseaux auprès de lui, me pria de lui prêter mon fusil pour essayer son adresse. Il n'était pas de ma politique de lui donner des leçons utiles; sans chercher à passer pour sorcier, je voulais qu'il se persuadât par sa propre expérience qu'il existe une énorme distance entre un Européen et un Hottentot. Je chargeai mon fusil, mais sans y mettre de plomb; je le laissai tirer tant qu'il voulut. Il s'impatientait de ne rien voir tomber; j'aurais chargé l'arme à l'ordinaire, qu'il n'eût pas été pour cela plus heureux; car, dans la crainte d'avoir le visage brûlé par l'amorce, il détournait la tête en même temps qu'il appuyait sur la détente. Sa maladresse aurait pu néanmoins le servir : c'est pourquoi j'avais préféré ne rien donner au hasard; car il est certain que s'il avait tué un seul oiseau, mon crédit baissait aussitôt dans son esprit, et par suite dans toute sa horde; si l'opinion ne garantissait pas ma personne, elle servait du moins mon amour-propre.

Comme nous regagnions le camp, nous rencontrâmes, à deux cents pas de nous, une troupe de bubales; j'en tuai un d'un coup de carabine. Cela parut bien étrange à mon compagnon; en se rappelant qu'à quinze pas il n'avait pu, en plusieurs coups, abattre un misérable oiseau, il mesurait avec étonnement la distance prodigieuse qui nous séparait du bubale. Ses réflexions l'attristaient; il en était accablé. Je le considérai avec attendrissement et pris soin de le consoler. Nous couvrîmes le bubale de branchages; et, de retour au logis, je l'envoyai chercher avec un cheval.

Lorsque l'heure du sommeil fut venue, je prévins tout mon monde sur le voyage du lendemain, et je recommandai à Klaas que mes deux chevaux fussent prêts à la pointe du jour.

A mon réveil, le camarade d'Amiroo était parti pour prévenir Haabas de la visite que j'allais lui rendre dans le jour même. Je ne voulais pas me présenter à lui comme un chasseur harassé que la fatigue et la faim ont contraint de s'arrêter au premier gîte; j'avais formé le dessein de m'y présenter *in fiocchi*, dans un appareil imposant et tout à la fois honorable pour ce peuple et pour moi.

Dès le matin, je fis une toilette entière; j'arrangeai mes cheveux: après leur avoir donné une tournure distinguée, je les surchargeai de poudre comme j'aurais fait pour me rendre dans un cercle d'élégants. Je peignai ma barbe, et lui fis prendre le meilleur pli possible; ce n'était ni par fantaisie ni par un goût bizarre que je l'avais laissée croître pendant un an, comme on l'a ridiculement débité par le monde; mais le projet de laisser croître ma barbe avait été médité longtemps avant de partir du Cap. J'étais instruit des guerres des Cafres avec les colons, et que ces derniers sont en horreur aux sauvages; je pouvais être rencontré des uns ou des autres; il était donc essentiel, autant par mon extérieur que par ma conduite et mes manières, de me donner un air absolument étranger, qui prouvât qu'il n'y avait rien de commun entre les colons et moi. Ce plan m'a très-bien réussi : dans toutes les hordes que j'ai parcourues, je me suis vu toujours accueilli comme un être extraordinaire et d'une espèce nouvelle. Un dégoût invincible pour le tabac et l'eau-de-vie, tant prisés des colons et des sauvages, ajoutait encore à leur étonnement.

Cette première partie de ma toilette achevée, je m'habillai le plus promptement possible. Parmi mes vestes de chasse, j'en avais une d'un brun obscur, garnie de boutons d'acier taillés à facettes; j'en fis mon habit de cérémonie : les rayons du soleil tombant sur ces boutons dans tous les sens, devaient par leur réfraction jeter un éclat bien propre à me faire admirer de tous ces sauvages. Je mis un gilet blanc sous cette veste; à défaut de bottes, je me servis d'un pantalon de nankin, ce qui m'a toujours paru, pour le moins, aussi noble. J'avais encore dans ma garde-robe une paire de souliers à l'européenne : je les chaussai et n'oubliai point mes grandes boucles d'argent, par hasard fort brillantes. Je désirais ardemment un chapeau brodé d'or : il fallut s'en passer. Mon pantalon rendant inutiles les boucles de caillou du Rhin de mes jarretières, j'en fis une agrafe avec laquelle j'attachai sur mon chapeau, tel qu'il était, un magnifique panache de plumes d'autruche de toute leur longueur.

Mais que j'étais en peine pour l'équipage de mon cheval! Il ne répondait guère aux ornements du maître : à la place de cette magnifique peau de panthère qu'on eût trouvée superbe en France, et qui ne disait rien à l'œil d'un sauvage, quelle figure radieuse n'eût pas faite sur ma bête la plus mauvaise des housses de drap rouge qui trottent régulièrement toutes les semaines de Paris à Poissy! tant il est vrai que la rareté des objets y met souvent tout le prix, en même temps qu'elle en constitue le mérite.

J'avais annoncé à mon fidèle Klaas qu'il monterait à cheval avec moi, et qu'il me servirait d'écuyer; il s'était lui-même arrangé de son mieux. Mais, jaloux de le faire paraître avec distinction, je lui donnai une de mes vieilles culottes, qu'il ne mit pas sans prendre un air de vanité qui annonçait en même temps le plaisir que lui faisait ce cadeau et l'importance qu'il recevait de cette décoration.

Tout étant prêt pour le départ, je dépêchai deux de mes chasseurs avec leurs fusils, pour prévenir la horde de mon arrivée; et bientôt moi-même, après avoir déjeuné, je mis mon poignard à ma boutonnière, une paire de pistolets à ma ceinture, une autre à l'arçon de ma selle avec mon fusil à deux coups, et je montai à cheval. Klaas en fit autant; il portait ma carabine, et me suivait conduisant quatre de mes chiens; il était suivi, à son tour, de quatre chasseurs qui escortaient un autre de mes hommes chargé de porter une cassette qui contenait deux mouchoirs rouges, des anneaux de cuivre, des couteaux, briquets, et quelques autres présents que je voulais faire à la horde. Amiroo marchait à notre tête pour nous guider dans la route.

Nous côtoyâmes d'abord la rivière, en la remontant pendant près d'une heure; après quoi, nous la faisant quitter, Amiroo nous conduisit entre deux hautes montagnes, dans une gorge étroite dont la longueur et les sinuosités n'avaient guère moins de deux lieues. Au bout de ce défilé, revenus à cinq ou six pas de la rivière, le pays s'ouvrit devant nous; et de là, me montrant du doigt une petite éminence sur laquelle j'apercevais un kraal, notre guide m'avertit que c'était celui de Haabas; nous n'en étions qu'à dix portées de fusil; le chemin avait été plus long que je ne l'avais compté; nous avions employé trois grandes heures à cette marche.

Lorsque je ne me vis plus qu'à deux cents pas de la horde, je lâchai mes deux coups, et j'en fis faire autant à mes quatre chasseurs; les deux autres que j'avais envoyés en avant répondirent à notre salut par leur décharge, et ce fut pour toute la horde le signal d'un cri de joie général. Je n'entremêlerai point de réflexions une scène aussi touchante; le lecteur sensible partage les douces émotions de mon âme, et préfère un récit tout véridique et tout simple. Je voyais tout le monde sortir des huttes, et se rassembler en pelotons; mais, à mesure que j'approche, les femmes, les filles et les enfants disparaissent, et chacun rentre chez soi; les hommes restés seuls, ayant leur chef à leur tête, viennent à ma rencontre; mettant alors pied à terre : *Tabé, tabé*, Haabas, dis-je au bon vieillard en prenant sa main, que je pressai dans la mienne. Il répondit à mon salut avec toute l'effusion d'un cœur reconnaissant et touché de cette marque d'honneur dont il était le principal objet. J'essuyai le même cérémonial de la part de tous les hommes, excepté que, supprimant par respect le signe de la main, ils le remplacèrent par celui de la tête de bas en haut, et qu'en prononçant *Tabé,* ils accompagnaient ce mot d'un clappement plus sensible.

Chacun en particulier m'examinait avec la plus grande attention ; jusqu'aux moindres détails de ma toilette, tout frappait leurs regards. Haabas lui-même, qui ne m'avait vu qu'en négligé dans mon camp ou dans mon équipage de chasse, paraissait émerveillé de mes rares ajustements ; il me semblait qu'il me montrait une déférence plus marquée, un air plus respectueux que par le passé.

J'avais quitté mon cheval à l'ombre d'un gros arbre, sous lequel on était venu me complimenter ; je n'y restai que quelques minutes pour me rafraîchir ; je me faisais une fête de contempler cette horde intéressante, et je m'y rendis escorté de toute la troupe : à mesure que je passais devant une des huttes, qui, comme celles des Hottentots, n'ont qu'une ouverture fort basse, la maîtresse du logis, qui s'était d'abord montrée pour me voir venir de loin, se retirait aussitôt, de telle sorte qu'obligé de me baisser à tous moments pour examiner l'intérieur, c'était pour moi un spectacle très-curieux que ces visages bruns, immobiles et collés, pour ainsi dire, à la muraille, dans le plus profond de la hutte, n'offrant partout que des portraits à la silhouette. Cependant elles s'apprivoisèrent peu à peu, et bientôt je me vis entouré. On me présentait du lait de tous côtés.

Du reste, toutes ces femmes, dans leur plus grande parure, graissées et boughouées à frais, les visages peints de cent manières différentes, montraient assez tout le bruit qu'avait fait dans la horde la nouvelle de mon arrivée, et la considération singulière qu'elles avaient pour l'étranger.

Arrivé chez Haabas, il me montra sa femme : elle n'avait rien qui la distinguât des autres, et je vis que madame la commandante étaitrichement vieille et laide : cela n'empêcha point qu'en courtisan habile, je ne lui présentasse un mouchoir rouge, qu'elle reçut sans façon et dont elle ceignit sur-le-champ sa tête. J'ajoutai à cette offre un couteau, un briquet; mais, comme j'avais envie de connaître son goût, et que j'étais bien aise de voir une femme sauvage dans l'embarras du choix pour ses ajustements, je lui montrai toute ma pacotille de verroterie, la priant de choisir elle-même ce qui lui plairait davantage. Je ne jouis pas de la satisfaction que je m'étais promise; elle se jeta sans balancer sur des colliers blancs et des rouges : les autres couleurs, disait-elle, trop analogues à sa peau, ne faisant nul effet et n'étant pas de son goût. J'ai toujours remarqué qu'en général les sauvages ne font pas grand cas du noir et du bleu. Je lui donnai encore du gros fil de laiton pour deux paires de bracelets, et cet article me parut être celui qu'elle estimait davantage.

Ces présents n'étaient pas regardés sans envie par les autres femmes; elles levaient les mains avec extase, et déclaraient à haute voix, dans leur admiration, que l'épouse de Haabas était la plus heureuse des femmes et la plus brillante en bijoux qu'on eût jamais vue dans toutes les hordes de la nation gonaquoise. Je fis à ces femmes la distribution du reste de la verroterie que j'avais apportée, et je donnai aux hommes des couteaux, des briquets et des bouts de tabac ; mon intention, en venant moimême visiter cette horde, était que toutes les familles qui la composaient se sentissent de mes largesses, et la pacotille que j'avais apportée ne laissait pas d'être considérable.

Haabas me pria, de la part de plusieurs vieillards impotents qui ne pouvaient sortir de leur loge, de le suivre et de les aller visiter : je me prêtai sans peine à son désir ; nous entrâmes dans leurs huttes. Ils étaient tous gardés par des enfants de huit à dix ans, chargés de leur donner leur nourriture et tous les soins qu'exige la caducité. Cette institution respectable chez des peuples sauvages me toucha fortement; j'en témoignai toute ma satisfaction à mon conducteur. Ces vieillards, pour la plupart, n'étaient retenus que par leur grand âge, et non par ces infirmités qui sont l'apanage ordinaire des peuples civilisés; et même je remarquai avec surprise que leurs cheveux n'avaient point blanchi, et qu'à peine apercevait-on à leur extrémité une légère nuance grisâtre.

De retour à la demeure de Haabas, sa femme me présenta du lait pour me rafraîchir; on avait fait tuer un mouton pour moi et mes gens. Quoique je n'eusse pas faim, je pris sur moi de manger un peu; mais de l'endroit où j'étais assis, je vis mes gens se régaler des morceaux qu'on leur avait distribués, et se divertir comme s'il se fût agi d'une noce.

Le dîner fini, il ne me resta que le temps nécessaire pour me rendre chez moi avant la nuit: ainsi, prenant congé de mes bons voisins, après une kyrielle de *tabés*, je remontai à cheval. Presque toute la horde me suivait; mais, de plus en plus pressé par le temps, je piquai des deux, et en moins d'une heure, Klaas et moi nous fûmes rendus au gîte. Le reste de mon monde arriva beaucoup plus tard ; une vingtaine de Gonaquois, tant hommes que femmes, que la curiosité attachait à leurs pas, les accompagnaient. Dans tout autre temps, cette visite aurait pu me déplaire ; mais pour le moment j'avais beaucoup de provisions, et vingt bouches de plus ne me dérangeaient en aucune façon.

Je n'avais pu dormir de la nuit, et je me levai de fort bonne heure ; cette journée fut encore consacrée aux réjouissances. Ce fut la même chose le lendemain ; car la curiosité amena en détail toute la horde dans mon camp. Les uns arrivaient, d'autres partaient ; on se croisait de toutes parts sur les chemins : ce spectacle était pour moi le tableau mouvant d'une fête de village. Je les reçus avec une égale cordialité. Ce ne fut que l'après-midi du second jour que cessa la procession, et que ces braves Gonaquois prirent congé de mon camp, pour retourner tout à fait à leur horde.

Trois semaines s'écoulèrent sans que j'entendisse parler de mes envoyés. Je n'en étais pas à faire les premières réflexions sur les causes qui pouvaient ainsi prolonger leur absence ; je concentrais en moi-même toutes mes inquiétudes, ne voulant pas en donner à ceux qui m'entouraient ; c'eût été leur fournir des armes contre mes projets. On ne voyait pas sans chagrin ma résolution déterminée de pénétrer plus avant dans la Cafrerie : je surprenais quelquefois mes gens s'entretenant sur ce chapitre et murmurant plus ou moins contre leur maître ; cependant dans le fond ils m'étaient toujours attachés ; et dans leurs discours j'étais le principal objet de leurs agitations et de leurs craintes. Ils ne balançaient point à me regarder comme un téméraire, qui, se souciant apparemment fort peu de la vie, voulait absolument leur faire partager le plus triste sort en les conduisant à la boucherie. Je devais trop pressentir qu'ils étaient tous d'accord pour me quitter si je persistais dans mes résolutions; je ne les jugeais embarrassés que dans la manière dont ils exécuteraient ce complot; et, sur vingt-cinq de ces conjurés, j'avais découvert qu'il n'y avait pas deux avis semblables : ceux que j'avais attachés à mon service durant la route ne voyaient pas à ce départ furtif de grandes difficultés; mais ceux que j'avais engagés chez le commandant Mulder au pays d'Auteniqua, et plus encore au Cap sous les auspices du fiscal, étaient dans le doute pour savoir s'ils retourneraient ou ne retourneraient pas à la ville; en un mot, ils ne pouvaient s'accorder ni prendre aucun parti.

Cependant ils m'accusaient d'avoir sacrifié mes envoyés. A la vérité, ce retard me paraissait extraordinaire; d'après ce qui m'avait été dit par Hans, il ne leur avait fallu que trois à quatre jours, tout au plus, pour se rendre chez le roi Pharoo; en supposant un pareil nombre pour y rester et autant pour revenir, je trouvais, par un calcul simple, qu'ils avaient employé plus que le double du temps nécessaire à ce voyage; il fallait donc que quelque accident les eût retardés, ou qu'en effet les soupçons des Cafres eussent été funestes à ces malheureux. Je ne perdais pas encore toute espérance de les revoir; j'étais ballotté par l'incertitude, et ne savais à quelle idée m'arrêter, ni quels ordres donner au reste de ma troupe pour mettre fin à leurs débats ainsi qu'à leur inquiétude prolongée. Mon brave Klaas était d'avis d'attendre encore, et de laisser partir ceux des rebelles qui montraient le plus d'impatience et d'humeur.

Quoi qu'il en soit, j'affectais un air tranquille, et continuais de chasser à l'ordinaire; mais une pente secrète me conduisait machinalement du côté par où j'espérais voir arriver mes députés. Le soir, désolé de n'avoir rien vu paraître, je regagnais mon gîte pour recommencer le lendemain la même promenade inutile et si triste. C'est ainsi que nous abuse l'imagination, dans l'attente d'un objet ardemment désiré.

Enfin Klaas, un soir, vint s'enfermer avec moi dans ma tente, et mettre le comble à mes chagrins, en me témoignant qu'il perdait tout espoir et qu'infailliblement Hans et ses camarades étaient assassinés; que les fusils, les munitions et les armes dont ils s'étaient chargés avaient tenté les Cafres; qu'il n'en fallait pas davantage pour que cette nation, actuellement en guerre, et manquant de toute espèce de défense, et surtout de fer, se fût sur-le-champ déterminée à commettre ces meurtres, pour se procurer les dépouilles de ces malheureux; qu'il me conseillait de ne pas lasser plus longtemps le reste de ma troupe, puisque, sans leur secours, nous nous verrions hors d'état d'avancer ni de reculer.

Je sentis trop bien toute la force de ce raisonnement, dicté par le plus vif intérêt pour ma personne et la sûreté de mes effets, que j'aurais été contraint de laisser à l'abandon faute de bras et de secours. J'allais peut-être me laisser entraîner et renoncer à mon engagement sacré de ne point quitter Kocs-Kraal, l'unique rendez-vous où ces généreux envoyés pussent rejoindre leur maître, lorsque nous vîmes de loin un des quatre gardiens qui surveillaient mes bestiaux, accourir vers mon camp, effrayé et hors d'haleine. Il m'apprit qu'on venait d'apercevoir de l'autre côté de la rivière une troupe considérable de Cafres, qui se disposaient à la traverser. Cette nouvelle effraya d'abord tout mon monde : la consternation se peignait sur toutes les figures ; moi seul, toujours bercé de l'espoir chimérique de revoir mes gens, je tournai vers eux ma première pensée ; mais ce grand nombre qu'on venait de m'annoncer ne cadrait guère avec ces présomptions flatteuses, et détruisait toute illusion. Je dépêchai d'abord quatre fusiliers sous les ordres de Klaas, pour aller chercher et faire rentrer tous mes bœufs dans le camp ; je leur recommandai d'examiner après cela, sans se découvrir, les étrangers, qui, s'ils étaient en aussi grand nombre qu'on voulait me le persuader, devaient, en effet, me devenir suspects ; de les épier, et de juger par leurs démarches quels pouvaient être leurs desseins.

De mon côté, je passai en revue toutes mes armes et les fis charger ; mon intention n'était pas de commencer moi-même les premiers actes d'hostilité ; mais, déterminé à attendre l'ennemi de pied ferme, je l'étais encore à le repousser de tout mon pouvoir, et je devais m'y préparer.

Tout en faisant mes préparatifs, une foule de réflexions contraires s'entre-choquaient dans mon esprit. J'en fus tout d'un coup distrait par une décharge qui fut pour tout mon camp un signal de joie : d'après la consigne que j'avais donnée à Klaas, il n'était pas douteux qu'il n'eût reconnu mes gens. Cependant un reste de frayeur inquiétait encore mon monde, et j'eus toutes les peines imaginables à le rassurer entièrement.

Tout à coup, à deux ou trois cents pas de nous, au détour d'une petite colline, je vis déboucher Klaas lui-même; il était seul. Je distinguai facilement, à l'aide de ma lunette, et son maintien tranquille et jusqu'aux traits de son visage. Il ne paraissait avoir rien d'effrayant à nous annoncer; j'en fus convaincu lorsque j'eus aperçu, quelques minutes après, toute la troupe qui, défilant par le même chemin, s'avançait paisiblement et en bon ordre vers mon camp. Mes Hottentots, mêlés parmi les Cafres, annonçaient la bonne intelligence; je reconnus Hans; ils approchaient de plus en plus. Je fis mettre bas les armes, et recommandai à tout mon monde de montrer un front calme et serein.

Comme j'étais impatient de recevoir ces députés, et d'apprendre de leur propre bouche ce que je pouvais oser sans péril pour eux et pour moi! Cependant je ne voulus point aller à leur rencontre ni quitter mon petit arsenal que je n'eusse entendu ces voyageurs. Lorsque les Cafres se virent à portée de la zagaie, ils s'arrêtèrent tous; et Hans, se détachant de la troupe, vint droit à moi. Il m'apprit en quatre mots que j'étais libre de voyager dans la Cafrerie; que je n'avais aucun risque à courir; que j'y serais respecté comme un ami; que la nation qu'il quittait ne pouvait trop m'inviter à ne pas différer plus longtemps, et qu'elle me verrait avec plaisir; que je pouvais juger de l'intention générale par la confiance qu'ils me témoignaient eux-mêmes et la liberté qu'avaient prise plusieurs d'entre eux de venir me visiter; qu'ils m'offraient toute leur amitié, et me demandaient la mienne; qu'en un mot, ils s'étaient mis en route dans l'assurance qu'on leur avait donnée que je les recevrais bien.

Quant au retard qui nous avait causé tant d'alarmes, Hans m'apprenait qu'arrivé chez les Cafres, il n'avait pu rencontrer le roi Pharoo, qui s'était retiré à trente lieues plus loin de l'endroit de sa résidence; qu'après s'être arrêté quelque temps, dans l'espérance de le voir revenir, et chagrin de ne pas remplir plus heureusement sa mission, il avait résolu de l'aller joindre; mais il avait appris d'une nouvelle horde que ce chef était encore reparti, et qu'on ignorait la route qu'il tiendrait et le temps de son absence; les uns le croyaient vers les colonies, d'autres chez les Tambouchis, nation limitrophe de la Cafrerie, où l'on trouvait du fer et des armes. Il ajoutait enfin que, dans l'impossibilité d'exécuter mes ordres, et ne sachant quel parti prendre, il avait préféré revenir vers moi et me ramener mes deux Hottentots; mais que, sur le récit avantageux qu'il avait fait aux Cafres de mon caractère et de mes dispositions pacifiques, plusieurs s'étaient offerts d'eux-mêmes à l'accompagner et à venir à leur tour en députation chez moi, pour m'assurer de la bienveillance générale du pays, qui, bien convaincu que je ne pouvais être un colon, me recevrait comme un ami et même comme un protecteur.

Sans de plus longs discours ni des questions qui n'étaient point encore de saison, je permis qu'on fît avancer ces Cafres. Hans leur fit un signe de la main, et en un moment je fus entouré. Ils étaient, non compris mes envoyés, dix-neuf hommes, cinq femmes et deux jeunes enfants : ils me saluèrent, l'un après l'autre, par le *tabé,* que je connaissais aussi bien qu'eux et qui fut toute ma réponse à leurs compliments. Je comprenais mal leur langage ; ils n'employaient point dans leur prononciation le clappement usité chez les Hottentots ; leur manière de saluer offrait la seule différence avec les Gonaquois qui fût sensible ; mais ils me parlaient tous ensemble, et mettaient dans leurs discours une précipitation, une volubilité qui me semblait d'autant plus étrange, que depuis près d'un an je m'étais fait une habitude de la lenteur en tout genre de mes inactifs Hottentots ; je ne pouvais rien comprendre à ce bourdonnement confus qui bruissait à mes oreilles ; je m'impatientais de n'y pouvoir démêler aucun son distinct.

Mais, si je ne devinais rien de tout ce qu'ils se disaient entre eux, je remarquais qu'ils étaient fort occupés, soit de mon camp, soit de ma personne, soit de mon monde, et de leurs divers mouvements. Leurs yeux se reportaient rapidement d'un objet à un autre ; tout imprimait la surprise autour d'eux ; Hans leur avait beaucoup vanté mes fusils et mes pistolets à deux coups : sur son récit, ils étaient disposés à regarder mes armes comme des merveilles. Un d'eux me fit demander, au nom de tous, si je ne permettrais pas qu'ils les vissent ; je les fis apporter et les leur remis moi-même, sans montrer de défiance : elles passèrent de main en main, furent examinées et retournées avec l'attention la plus minutieuse. Mais leur curiosité pétulante demandait quelque chose de plus ; je m'y étais attendu ; le hasard me servit à propos. Je tirai coup sur coup deux hirondelles qui filaient devant nous, et les fis tomber à quelques pas. Cette action prompte et tranquille les émerveilla doublement ; ils ne savaient lequel admirer davantage, ou l'arme ou le chasseur.

Il est certain que ce coup très-heureux, qui pouvait fort bien ne pas réussir, leur donna la plus haute idée de mon adresse, et que j'en profitai pour leur imposer de plus en plus. Je leur demandai, par signes, s'ils ne pouvaient pas en faire autant avec leurs zagaies; mais ils secouèrent les oreilles en souriant, comme pour me dire que cette arme était impuissante à atteindre les oiseaux au vol. Un seul d'entre eux se leva, et me montra mes moutons qui paissaient à quelques centaines de pas; il me fit entendre que ses camarades et lui étaient en état de les percer à la course, ainsi que les autres quadrupèdes plus ou moins grands. Hans fit approcher et me présenta un jeune Cafre : il était parfaitement fait et d'une figure qui m'intéressa sur-le-champ. Jusque-là je n'avais vu, pour ainsi dire, ces gens qu'en bloc; je ne pouvais me lasser de contempler celui-ci : on m'assura qu'il passait dans le pays pour un de ceux qui lançaient avec plus de dextérité la zagaie et la massue courte, et que son adresse lui avait acquis une grande réputation. J'avais tant de fois entendu parler de la Cafrerie et de ses armes redoutables, que je ne voulus pas différer plus longtemps de voir par moi-même ce dont était capable un Cafre de dix-huit ans qui se vantait lui-même si naïvement. L'heure du dîner approchait; je me proposais de régaler tout ce monde : j'envoyai chercher un mouton; et, le montrant du doigt au jeune homme, je lui permis de le tirer. Il portait cinq zagaies de la main gauche; sur mon invitation, il en saisit une de sa droite, fait lâcher le mouton, qui se met à galoper pour rejoindre le troupeau; en même temps il brandit sa zagaie avec force, et, s'élançant en avant par quatre ou cinq sauts rapides, il la décoche. La zagaie siffle, fend l'air, et va se perdre dans les flancs de l'animal, qui chancelle et tombe mort sur la place.

Je ne pus lui cacher ma surprise et ma joie : tant d'adresse unie à la force, à la grâce, enchanta tout mon monde. L'amour-propre est un sentiment universel ; mais il se modifie suivant les mœurs et les climats : en Afrique un sauvage ne sait point le déguiser. Les témoignages d'admiration qu'excitait parmi nous mon jeune chasseur agrandissaient son regard et développaient les muscles de son visage ; fier d'un pareil triomphe et de mes applaudissements, ses pieds ne touchaient plus la terre : il mesurait ma taille, se rangeait à mes côtés ; il semblait dire : Toi, moi ! Les gens de sa nation n'étaient pas moins charmés qu'il eût si bien réussi ; ils me considéraient et cherchaient à pénétrer dans ma pensée pour y voir tout l'effet qu'avait produit cet échantillon de leur adresse.

J'ai eu dans la suite plus d'une occasion de remarquer qu'il ne faudrait à la tête de ces gens qu'un chef habile et de l'ordre, pour culbuter et détruire dans un moment la nation hottentote et toutes les colonies ; mais la supériorité de nos armes rendra nuls leur courage, leur adresse, tant qu'ils n'auront que des zagaies pour défense.

Après avoir retiré sa lance du corps de l'animal, le jeune Cafre en enfonça plusieurs fois le fer dans le sable et l'essuya soigneusement avec une poignée d'herbe.

J'étais fâché de ne pouvoir m'expliquer directement avec ces nouveaux venus : les longueurs de l'interprétation, peut-être aussi la conception bornée de l'interprète, me causaient des impatiences que je modérais à peine. D'un autre côté, plus vifs, plus ouverts, n'ayant rien dans leur caractère qui approchât de la taciturnité silencieuse des Hottentots, ces gens me gagnaient de vitesse; et, depuis leur arrivée, je n'avais encore fait que répondre aux questions dont leur curiosité ne cessait de m'accabler. J'avais beaucoup moins de choses à leur apprendre qu'à leur demander; je me flattais de voir bientôt se calmer cette volubilité de paroles et de gestes confus, et que j'aurais enfin mon tour quand ces premiers moments d'effervescence seraient amortis.

Plus prévoyant que les Hottentots, donnant moins au hasard pour leur nourriture, ils ne s'étaient point embarqués, comme on dit, sans biscuit : ils avaient amené avec eux plusieurs bœufs destinés pour leur cuisine, et quatre autres pour porter leur toilette de jour et de nuit, en un mot, tous leurs bagages. Ils n'avaient pas oublié non plus quelques-uns de ces paniers que j'avais admirés chez les Gonaquois, et dont ils se proposaient de faire, en route ou bien avec nous, des échanges avantageux. Ils avaient encore quelques vaches avec leurs veaux; au moyen de quoi cette caravane portait un air d'aisance et de somptuosité qu'on se flatterait vainement de rencontrer au sein des vallées lugubres de la Savoie.

Je marquai à quelque distance de mon camp l'endroit précis où je voulais qu'ils se logeassent; et, plus heureux ou mieux obéi qu'Idoménée lorsqu'il bâtissait la ville de Salente, en un demi-quart d'heure je vis s'élever sous mes yeux leur petite colonie.

Les feux furent allumés; on coupa le mouton par morceaux, il fut rôti, et bientôt il n'en resta plus que la peau. Je n'ignorais pas combien l'intérêt est un agent puissant pour faire mouvoir tous les hommes, combien surtout il les dispose à la bienveillance : je fis, dans les circonstances où je me trouvais, l'application de ce principe qui m'avait plus d'une fois réussi ; je voulais m'attacher les Cafres comme j'avais fait les premiers sauvages que j'avais rencontrés, et surtout les Gonaquois ; je distribuai donc à mes hôtes diverses espèces de quincailleries et du tabac. Ils reçurent mes présents avec satisfaction, et sur-le-champ chacun se mit en devoir d'en faire usage.

Mais ce qui fixait davantage leur imagination, et qu'ils m'auraient escamoté de bon cœur, c'était le fer. Ils le dévoraient des yeux, le vantaient excessivement et semblaient l'estimer par-dessus tout.

Leurs regards étaient tombés sur des haches, des pioches, de grosses tarières, des outils de toute espèce qui se trouvaient à l'arrière de mes chariots ; ils les convoitaient avec une sorte d'impatience ; il n'y avait, pour ainsi dire, qu'à mettre la main dessus. J'étais si bien fait déjà à la manière de traiter avec les sauvages, et je les craignais si peu, puisqu'il faut le dire, même quand je n'aurais point été si puissamment armé, que je leur aurais volontiers abandonné ces objets ; mais, avec tout l'attirail que je traînais à ma suite, ils m'étaient devenus d'un usage tellement indispensable, qu'il m'eût été impossible d'en faire si généreusement le sacrifice. Afin de leur ôter tous désirs, ou du moins d'en diminuer l'ardeur, puisqu'il n'était plus temps de leur dérober la connaissance de ces outils précieux, j'ordonnai qu'on les cachât avec soin. D'après tout ce que j'avais appris des embarras de ces sauvages relativement à leurs armes, il était, en effet, très-dangereux d'exciter plus longtemps leur envie ; elle pouvait leur suggérer des intentions nuisibles à mon repos, et le moyen tout simple de s'en emparer par la ruse, s'ils ne le pouvaient par la force.

La preuve du besoin pressant qu'avaient les Cafres de se procurer du fer venait de se confirmer sous mes yeux ; je me reprochais de les avoir fait avancer peut-être un peu trop tôt, et de n'avoir pas assez pris mes précautions ; cependant je les suivais et les faisais épier de fort près ; nous ne voyions pas sans inquiétude, Klaas et moi, par la façon dont ils se parlaient entre eux, dont ils mesuraient la longueur et l'épaisseur des bandes qui bordaient les jantes de mes roues, à quel point ce trésor les eût satisfaits.

Les yeux méfiants et jaloux de mes Hottentots ne perdaient rien de tout ce qu'ils voyaient ; et comme si mes propres remarques n'eussent pas été suffisantes, ils venaient à tous moments y ajouter les leurs, et me faire quelque scène nouvelle. Je pénétrais assez leurs motifs ; de moment en moment je voyais un esprit de haine et de discorde fermenter parmi eux : c'est alors que, rejetant sur moi toute la faute, je me reprochai de m'être mal à propos arrêté quelques heures aux Bruyntjes-Hoogte, pour y solliciter les secours des colons assemblés qui, par leurs discours, avaient effrayé tout mon monde et troublé la bonne intelligence de ma caravane.

Dans le moment actuel, je ne voyais rien cependant qui dût si fort alarmer mon esprit ; nous étions trop supérieurs à nos hôtes en armes et en force, dans le cas où il aurait fallu recourir à la violence, le dernier des moyens à employer avec les sauvages. Je ne pouvais craindre de leur part aucune surprise ; l'emplacement que je leur avais assigné se trouvait situé de façon que la moindre tentative eût causé leur perte; mais je n'en redoublais pas moins de précautions et de sévérité, autant pour forcer mes gens de continuer leur devoir que pour ôter à mes hôtes toute idée d'attaque et la facilité de me tendre des piéges; si j'excepte deux chasseurs, que j'envoyais régulièrement tous les jours à la provision, et quatre autres hommes qui gardaient le troupeau sur les pâturages, le reste ne s'écartait point hors de vue; moi-même, je me tenais assidûment au camp; je passai des journées entières au milieu des Cafres, conversant avec eux, et me faisant expliquer par l'interprète commun leurs réponses aux différentes questions que faisait naître à tous moments le désir de m'instruire et de recevoir des détails exacts sur cette nation, moins connue encore que celle des Hottentots. L'embarras et la difficulté de la traduction absorbaient à la vérité beaucoup de temps; les connaissances de chaque jour arrivaient lentement, et la somme n'en était pas bien volumineuse; j'employai à ces conversations pénibles une semaine entière; et, ne voyant enfin que franchise et bonhomie de part et d'autre, convaincu qu'ils agissaient naturellement et sans détour avec moi, je me gênai beaucoup moins, je diminuai quelque chose de ma réserve, et forçai tout mon monde à se mettre à son aise avec eux.

Bientôt aussi, plus d'habitude de leur langage rendit nos entretiens plus intéressants; je commençais à me faire comprendre, et je les entendais mieux encore.

Ils ne cessaient de me conjurer de les suivre dans leur pays; ils revenaient continuellement à la charge sur ce point; vingt fois on m'avait répété tout ce que m'avait appris d'engageant mon interprète à son arrivée. Je n'étais que trop empressé de me rendre à ces invitations séduisantes; mais mon intention n'avait jamais été de partir avec eux : je m'excusai en leur disant qu'il ne m'était pas possible de me mettre en marche aussitôt qu'ils paraissaient le désirer; puis, les examinant tous avec beaucoup d'attention, j'ajoutai que, ne connaissant point leur pays par moi-même, on m'avait informé qu'il était rempli de montagnes et de bois difficiles à traverser; qu'ainsi je ne conduirais point mes voitures et mes bœufs avec moi. Cette déclaration ne parut pas les affecter; et, par le plaisir que leur fit ma parole engagée d'aller les voir bientôt, je pus juger qu'ils ne comptaient pas infiniment sur mes grosses tarières ni sur le fer de mes roues.

Enfin, le 21 novembre, ils vinrent tous me prévenir qu'ils s'étaient arrangés pour partir le jour même; ils renouvelèrent leurs protestations de reconnaissance et de bonne amitié, et me promirent que partout où ils passeraient, leur premier soin serait de publier ce qu'ils avaient vu, combien ils avaient à se louer de moi, et la façon affectueuse et familière avec laquelle je les avais traités pendant un assez long séjour. La description qu'ils se promettaient de faire de mon camp et de ma personne, et surtout de ma barbe, devait, ajoutaient-ils, servir de signalement à ceux qui ne me connaissaient pas, et me faire parfaitement accueillir.

Après les *tabés* d'usage, je les accompagnai jusqu'à la rivière, qu'ils traversèrent tous à la nage, ainsi que leurs bestiaux, et, lorsqu'ils eurent atteint l'autre bord, je les saluai pour la dernière fois d'une décharge générale de ma mousqueterie; les ravines et les taillis dans lesquels ils s'enfoncèrent les eurent bientôt dérobés à ma vue.

CHAPITRE IV

Retour au cap de Bonne-Espérance.

Après une excursion dans le pays des Cafres que Levaillant entreprit en se faisant accompagner de quelques hommes seulement, ce voyageur rejoignit son camp, qu'il trouva en bon ordre. Voici comment il raconte ensuite les diverses aventures qui signalèrent son retour en France.

(*Note de l'Éditeur.*)

J'avais fixé mon départ au 4 décembre. Nous partîmes au point du jour; bientôt la chaleur devint excessive; nous n'en fîmes pas moins six grandes lieues.

Le soir, nous arrivâmes près d'une habitation délaissée dont on avait absolument enlevé les meubles. Je me proposai d'y passer la nuit; mais à peine y fûmes-nous établis, que des démangeaisons extraordinaires parcoururent tout mon corps. Je me découvris la poitrine : elle était noircie d'essaims innombrables de puces. Mes Hottentots ne furent pas non plus entièrement exempts des atteintes de cette vermine importune. Nous quittâmes sur-le-champ ces lieux infectés, que mes gens nommèrent *le Camp des puces*, pour aller nous établir plus loin sur les bords d'un ruisseau limpide et riant. Je m'y plongeai tout entier, sans me donner même le temps de me déshabiller; j'avais le corps absolument truité. Klaas me conseilla, au sortir de ce bain, de me laisser frotter à la manière des sauvages : je fus donc graissé et boughoué pour la première fois de ma vie, et je m'en trouvai soulagé. Quoique nous ne nous fussions arrêtés qu'un quart d'heure dans cet endroit malencontreux, mes chiens et mes chariots étaient couverts de ces insectes. L'opération balsamique à laquelle je venais de me livrer était le seul moyen de m'en garantir, jusqu'à ce que le temps ou le premier orage eût achevé de nous en purger tout à fait; en raison de ce procédé familier à mes Hottentots, ils en avaient été moins assaillis que leur maître.

Le nouveau site que nous venions occuper, et sur lequel nous passâmes la nuit, n'était pas sans agréments : nous étions flanqués, au nord, par des forêts immenses; la plaine était couverte de mimosas, que les colons nomment *dooren-boom*. J'eus le plaisir de les voir en pleine fleur; circonstance heureuse pour moi et que je n'avais garde de négliger, car les fleurs de cet arbre attirent une quantité d'insectes rares, qu'on ne trouve communément que dans cette saison, et ces mêmes insectes font arriver des volées de toute espèce d'oiseaux auxquels ils servent de nourriture. Je me fixai donc dans cette plaine, où je m'amusai à varier mes campements. J'eus lieu de présumer que toute cette lisière, qui borde la forêt, avait été autrefois habitée par des Cafres; nous ne pouvions faire un pas sans rencontrer des restes de huttes antiques plus ou moins dégradées par le temps. J'y trouvai sans peine les deux espèces de gazelles gnou et springbock. Le silence des nuits ne me parut jamais plus majestueux qu'en cet endroit; les rugissements des lions résonnaient autour de nous à des intervalles égaux; mais les conversations de ces dangereux voisins, auxquelles nous étions habitués depuis près d'un an, ne nous empêchaient plus de dormir.

Le 16, nous nous remîmes en route. En cinq campements différents, j'avais battu tout le canton que nous quittions. Après trois heures de marche, je trouvai le Klein-Vis-Rivier; je ne pus aller plus loin ce jour-là; nous perdîmes beaucoup de temps à chercher un endroit de la rivière qui fût guéable pour nos voitures : elles avaient déjà failli y culbuter.

Le jour suivant, nous la traversâmes heureusement. Une habitation délaissée vint encore s'offrir à mes regards; je ne fus pas même tenté d'en approcher. Quelques lieues plus loin, nous retrouvâmes des mimosas en très-grande quantité, et tout aussi fleuris que ceux que je venais d'abandonner la veille. Je résistai d'autant moins à la tentation de m'arrêter au bords de ces forêts, que j'y rencontrai des oiseaux que je n'avais vus nulle part, et, pour la seconde fois, ce genre de perroquet dont j'ai parlé plus haut. Je m'écartai un peu, et me trouvai dans une espèce de petite prairie, au milieu d'un bois de haute futaie. Ce désert paisible favorisait mes opérations, et me parut commode pour mes équipages; mais comment les y faire arriver à travers des broussailles, des arbres et des branches qui se croisaient en mille sens divers? Nous avions franchi des obstacles plus insurmontables : celui-ci céda, comme tous les autres, à nos efforts. Le 19, après beaucoup de peines et de fatigues, nous en vînmes à bout; seulement j'eus le malheur de perdre un de mes bons timoniers; une voiture l'entraîna avec tant de violence contre un mimosa, que les épines de cet arbre pénétrèrent et se rompirent dans l'omoplate de l'animal. Nous retirâmes comme nous pûmes toutes celles qui étaient encore apparentes, ou que nous pouvions mordre avec nos tenailles; mais, tout notre art n'allant pas au delà, celles qui s'étaient le plus enfoncées, et que nous ne pouvions saisir ni même apercevoir, occasionnèrent une inflammation telle, que vingt-quatre heures après toutes les consultations de mes meilleurs Esculapes se réduisirent au parti d'assommer le malade; ce qui fut exécuté sur-le-champ.

Les touracos fourmillaient également dans ce bois; ils y étaient moins sauvages, et me paraissaient plus grands que ceux des forêts d'Auteniqua. J'y trouvai une espèce nouvelle de calao; et, parmi d'autres que je n'avais point vues jusque-là, je distinguai un merle à ventre orangé, qui, outre le plaisir que me causait sa découverte, me fournit encore l'occasion de juger de la simplicité des Hottentots.

Ce fut Pit qui le premier m'apporta cet oiseau; c'était une femelle. J'ordonnai à ce chasseur de retourner sur-le-champ dans l'endroit où il l'avait tué, ne doutant point qu'il n'y rencontrât le mâle; mais il me pria de l'en dispenser, n'osant pas, ajoutait-il, prendre sur lui de le tirer. J'insistai; mais quel fut mon étonnement, lorsque je le vis, d'un air affligé et d'un ton presque lamentable, me protester qu'il lui arriverait certainement quelque malheur! A peine avait-il mis bas la femelle, que le mâle s'était acharné à le poursuivre, en lui répétant sans cesse *Pit-me wrou, Pit-me wrou!* Ces deux mots sont, en effet, les cris de cet oiseau; je m'en suis mieux convaincu que par les vaines terreurs de ce Pit, lorsque j'ai eu, dans la suite, l'occasion de tirer moi-même de ces merles. Les syllabes qu'il prononce, et qui avaient effrayé mon chasseur, sont trois mots hollandais qui signifient *Pit* (ou Pierre), *ma femme.* Il s'était imaginé que l'oiseau, l'appelant par son nom, lui redemandait sa moitié. Il me fut impossible de tranquilliser l'imagination frappée de cet homme, qui refusa toujours constamment de tirer sur ces oiseaux; s'il lui fût malheureusement arrivé un accident durant nos marches et nos chasses, quelle qu'en fût la cause, ses camarades n'eussent pas manqué de l'attribuer au massacre du premier de ces merles.

Je rencontrai partout dans la forêt une espèce de singes cercopithèques à face noire; mais je ne pouvais jamais les atteindre. Sautant d'un arbre à l'autre, comme pour me narguer, un clin d'œil voyait tour à tour paraître et disparaître ces animaux pétulants. Je me fatiguais vainement à leur poursuite; cependant, un matin que je rôdais aux environs de mon camp, j'en aperçus une trentaine assis sur les branches d'un arbre, et présentant leurs ventres blancs aux premiers rayons du soleil. Celui qu'ils avaient choisi était assez isolé pour que l'ombre des autres ne les gênât pas; je gagnai par le taillis l'endroit qui m'en approchait le plus, sans être découvert; et de là, prenant ma course, j'arrivai à leur arbre avant qu'ils eussent eu le temps d'en descendre. J'étais certain qu'aucun d'eux ne s'était échappé; malgré cela, je n'en pus apercevoir un seul, quoique je tournasse de tous côtés et mes regards et mes pas, et que je fisse le plus sévère examen de l'arbre où je savais qu'ils étaient cachés. Je pris le parti de m'asseoir à quelque distance du pied, et de faire le guet jusqu'à ce que j'aperçusse du mouvement.

Je fus payé de ma constance après un assez long temps; je vis enfin une tête qui s'allongeait, apparemment pour découvrir ce que j'étais devenu. Je l'ajustai; l'animal tomba. Je m'étais attendu à ce que le bruit du coup fît déguerpir toute la troupe; c'est ce qui cependant n'arriva pas, et, pendant plus d'une demi-heure encore que je gardai mon poste, rien ne remua, rien ne parut. Lassé de ce manége fatigant, je tirai au hasard plusieurs coups dans les branches de l'arbre, et j'eus le plaisir d'en voir tomber deux autres; un troisième, qui n'était que blessé, s'accrocha par la queue à une petite branche; un nouveau coup le fit arriver à son tour. Content de ce que je m'étais procuré, je ramassai mes quatre singes, et je marchai vers mon camp. Lorsque je fus à une certaine distance de l'arbre, je vis toute la troupe, qui avait calculé mon éloignement, descendre avec précipitation et gagner l'épaisseur du bois, en poussant de grands cris. Je jugeai, à quelques traîneurs qui suivaient péniblement, boitant du devant ou du derrière, que mes plombs en avaient blessé plusieurs; mais, dans cette fuite précipitée, je ne remarquai point, comme l'ont dit quelques voyageurs, que les mieux portants aidassent les estropiés en les chargeant sur leurs épaules pour ne point retarder la marche commune, et je crois qu'à leur égard, ainsi que pour les Hottentots poursuivis en guerre, la nature est la même, et qu'on a déjà trop de veiller à son propre salut sans s'occuper de celui des autres.

De retour à ma tente, j'examinai ma chasse. Cette espèce de singe est d'une grandeur moyenne; son poil, assez long, est généralement d'une teinte verdâtre; il a le ventre blanc, comme je l'ai dit, et la face entièrement noire. Dans le moment où j'examinais ces animaux, Keès entre dans ma tente; je crois qu'il va jeter les hauts cris en apercevant ses camarades, quoique d'une espèce différente de la sienne; il me parut qu'il ne craignait pas autant les morts que les vivants; il montre de l'étonnement; il les considère l'un après l'autre, les tourne et retourne en tous sens pour les examiner, comme il me l'avait vu faire. Il n'était pas, je crois, le premier singe qui voulût trancher du naturaliste; mais un secret motif, beaucoup moins généreux, le pressait fortement; il avait découvert des trésors en tâtant les joues des quatre défunts. Je le vis bientôt se hasarder à leur ouvrir la bouche, l'un après l'autre, et tirer de leurs salles (1) des amandes tout épluchées de l'arbre *geel-haut*, et les entasser dans les siennes.

Le lendemain, tandis que nous étions occupés de notre chariot et de ses roues, la joie se répandit tout à coup sur tous les visages. Lorsque je deman-

(1) Les naturalistes nomment *salles* ces espèces de poches qu'ont les singes entre les joues et les mâchoires inférieures; c'est une sorte de magasin dans lequel ils conservent, pour l'occasion, les fruits qu'ils trouvent, lorsqu'ils n'ont ni le temps ni le besoin de les manger.

dai la cause de cette vive émotion, on s'approcha de moi pour me faire remarquer dans le lointain un nuage qui s'avançait vers nous. Je ne voyais rien à ce phénomène qui dût si fort nous réjouir; ce ne fut que lorsque ce prétendu nuage nous eût gagnés, que je distinguai qu'il n'était formé que par des millions de sauterelles qui faisaient route. On m'avait beaucoup parlé de l'émigration de ces insectes, qui s'assemblent tous les ans par bandes innombrables, et quittent les lieux qui les ont vus naître pour aller s'établir ailleurs; mais je les voyais pour la première fois. Celles-ci voyageaient en si grand nombre, que l'air en était réellement obscurci; elles ne s'élevaient pas beaucoup au-dessus de nos têtes; elles formaient une colonne qui embrassait de deux à trois mille pieds en largeur, et, montre à la main, elles mirent plus d'une heure à passer. Ce bataillon était tellement serré, qu'il en tombait, comme une grêle, des pelotons étouffés ou démontés; mon Keès les croquait à plaisir, en même temps qu'il en faisait provision.

Mes gens s'en firent aussi un régal; ils me vantèrent si fort l'excellence de cette manne, que, cédant à la tentation, je voulus m'en régaler comme eux : mais, s'il est vrai, comme on l'assure, qu'en Grèce, et particulièrement à Athènes, les marchés publics fussent toujours fournis de cette nourriture et qu'elle fît les délices des gourmets de ce temps, j'avoue de bonne foi que j'aurais mal figuré parmi ces *acridophages*, à moins qu'avec le goût des Grecs le Ciel ne m'eût donné une constitution différente.

Nous partîmes enfin le 3 janvier; laissant derrière nous la chaîne des montagnes de Bruyntjes-

Hoogte, nous aperçûmes au nord celles de Sneuwberg, après lesquelles nous aspirions depuis si longtemps. Quoique nous fussions parvenus à la saison des plus fortes chaleurs, nous découvrions encore de la neige dans les anfractuosités et les enfoncements les plus rapprochés du sommet de ces formidables montagnes.

Remis en route dans la matinée du 6, nous remontions la rivière des Oiseaux, qui prend sa source dans les montagnes de neige, lorsqu'un accident qui pouvait devenir sérieux nous arrêta quelque temps : le conducteur d'une de mes voitures, voulant se remettre en siége, fut retenu par des épines auxquelles il n'avait pas fait attention. Il tomba; la roue de la voiture, qui continuait sa marche, passa sur sa jambe; j'accourus, et fus mille fois heureux lorsque je m'aperçus, après l'avoir bien examinée, qu'il n'y avait aucune fracture. Je bassinai moi-même la contusion, je l'enveloppai de plusieurs bandages imbibés d'eau-de-vie, et, de peur que le malade n'en regrettât l'usage, je lui en fis avaler un grand gobelet. Il fut porté pendant quelques jours sur mes chariots, et son accident n'eut pas d'autres suites.

Il semblait que les Sneuwberg fussent pour moi la terre promise, je ne pouvais y arriver; les obstacles se succédaient. Le 7, au moment de partir, je m'aperçus, en faisant le dénombrement de mes bestiaux, qu'il en manquait trois. Mes gens se répandirent de tous côtés pour les chercher; on les retrouva; mais cette opération avait duré si longtemps, que nous ne pûmes atteler qu'à sept heures du soir. Nous étions encore dans les plus grands jours de l'année; la fraîcheur des nuits était attrayante ; nous ne devions être qu'à quatre ou cinq lieues de Plate-Rivier, et notre intention, si nous y arrivions, n'était pas de pousser plus avant.

Nous avions à peine fait deux à trois lieues, qu'un des Hottentots de l'arrière-garde, emporté par son cheval, tombe sur nous à toute bride, suivi de tous les relais, qui arrivent dans le plus grand désordre. L'effroi se communique aux douze bœufs du chariot de Pampoen-Kraal, qui dans ce moment, n'ayant point de Hottentots en tête pour retenir et gouverner les deux premiers, comme il est d'usage, prennent l'épouvante et se jettent en s'écartant sur le côté. Le timon casse ; et, toujours attelés, ils le traînent après eux, s'enfoncent et vont se perdre dans les buissons. La confusion devient de plus en plus générale. Aux mugissements des bœufs, il n'y avait pas à douter que nous ne fussions poursuivis par des lions. On court aux armes ; tandis que les uns s'efforcent d'arrêter les bœufs des deux autres chariots, qui se laissaient emporter comme ceux du troisième, que d'autres s'occupent à ramasser et à rassembler tout ce qui leur tombe sous la main pour allumer les feux, je pars accompagné de mes plus habiles chasseurs, et nous rétrogradons sur la route pour faire face aux terribles animaux, retarder leur marche, et assurer le temps nécessaire pour les autres préparatifs. La nuit n'était pas encore bien obscure ; nous étions dans une plaine sablonneuse, qui nous aidait à distinguer les objets à une certaine distance. Lorsque je vis nos chiens s'approcher de nous et nous serrer de près, je ne doutai plus de la présence des lions. Bientôt j'en aperçois deux élevés sur un petit tertre, et semblant nous attendre ; nous lâchons tous nos coups ensemble, mais sans autre effet que celui de les voir disparaître; nous avancions toujours dans l'espérance d'en abattre au moins un, et nous continuions, par précaution, nos décharges; ils ne s'offrirent plus à nos regards. En vain nous nous fussions obstinés à les poursuivre plus longtemps; ils étaient déjà loin. Les feux étaient bien allumés; nous nous en approchâmes; nos bœufs dispersés en faisaient autant; ils arrivaient à notre halte les uns après les autres, et bientôt il ne manqua plus que l'attelage de Pampoen-Kraal. Nous entendions beugler à une certaine distance; aucun de mes gens ne se souciait de courir à la voix; j'en engageai cependant plusieurs à me suivre; chacun de nous prit un tison enflammé d'une main, un fusil de l'autre; et, sous la conduite des chiens qui nous précédaient, nous allâmes à la recherche, et arrivâmes sur la place. Le morceau de timon que ces bœufs avaient traîné avec eux s'était pris entre deux arbres et les avait arrêtés; ils étaient tous en peloton, et tellement embarrassés dans les traits, qu'il n'y eut d'autre moyen que de les mettre en pièces. Trois de ces bœufs manquaient; ils étaient parvenus à briser leur joug; nous les croyions dévorés; mais, de retour à nos feux, j'appris qu'ils s'y étaient rendus, et ne faisaient que d'arriver.

L'instinct seul avait-il appris à ces animaux que, sous la sauvegarde du feu, ils n'avaient rien à craindre de leurs ennemis; l'habitude leur avait-elle inspiré cette réflexion, que, depuis plus d'un an qu'ils voyageaient avec moi, les bêtes carnassières, qui dans les commencements leur avaient causé tant d'inquiétude, n'avaient jamais osé les attaquer ni même approcher fort près; ou bien prenaient-ils des hommes une assez haute idée pour voir en eux des protecteurs puissants, des défenseurs invincibles : je ne l'expliquerai pas ; mais je sais que la nature, qui fournit indistinctement à tous les animaux une portion suffisante d'intelligence pour veiller à leur conservation, semblait avoir doublé la mesure pour tout ce qui m'entourait ; et j'ai fait sur ce point, en plus d'une rencontre, des remarques qui m'ont toujours frappé d'étonnement et d'admiration.

Après plusieurs jours de marche, nous arrivâmes, le 9 février, sur les bords de la rivière de Camdebo, que nous traversâmes sans accident. Mais là plusieurs de mes bœufs se trouvèrent tellement fatigués, que je fus obligé de leur accorder du repos. Je choisis donc, sur un des détours que faisait la rivière au milieu des mimosas, une clairière commode où je placai mon camp dans l'intention d'y passer quelques jours.

Ce ne fut que le lendemain que nous nous remîmes en marche, et le 16 nous arrivâmes près d'une habitation habitée par des colons, qui pour la première fois depuis mon départ me firent manger du pain ; j'en avais tout à fait perdu le goût. Je n'avais compté m'arrêter ici qu'une journée tout au plus ; j'y passai trois jours ; il nous restait encore bien du pays à parcourir, quelques montagnes énormes à traverser, de grandes difficultés à vaincre dans ce désert du Camdebo, dont l'aspect vraiment imposant n'offre partout, au lieu de la verdure et des jardins si naturels de Pampoen-Kraal, qu'une teinte tantôt grise, tantôt rougeâtre et jaune, des rochers, du sable, des cailloux. En me rapprochant des habitations, je courais moins de risque ; en tenant à mes idées, je me promettais plus de jouissances; ainsi donc, si j'en excepte les lieux où je venais de m'arrêter, je suivis mon plan avec autant de confiance pour le retour que pour le départ. Mais je profitai du hasard qui m'avait fait tomber chez les deux frères, pour pourvoir à la subsistance de mon monde, et je pris mes précautions. Ils me firent une forte provision de biscuit; je reconnus ce service essentiel en leur donnant en échange de la poudre, du plomb et des pierres à fusil : tous objets précieux qui leur manquaient depuis longtemps, malgré le besoin indispensable qu'en a toujours une habitation, soit pour défendre ses troupeaux, soit pour repousser les Bossismans. Ils m'auraient tout accordé à leur tour en reconnaissance d'un aussi grand bienfait.

Le 21, après avoir traversé le lit du Kriga, qui était à sec et que nous avions déjà passé la veille, je rencontrai deux habitants du Camdebo qui revenaient du Cap et faisaient route pour leur demeure. Depuis plus d'un an je n'avais eu de nouvelles de cette ville et de mes connaissances ; je fus enchanté d'apprendre qu'avec le secours de la France, le Cap avait été sauvé de toute invasion de la part des Anglais, et que la colonie était demeurée sous la domination hollandaise. Le plaisir de cette nouvelle fut bientôt effacé par celle de l'indisposition de mon bienfaiteur, que les voyageurs m'attestèrent avoir laissé dans un état critique, et même fixé, lors de leur départ, aux bains chauds, dernière ressource des malades en Afrique. Ce rapport répandit de l'amertume et du dégoût sur le reste de mon voyage.

Arrivé au *Kriga-Fontyn* (fontaine du Kriga), nos bœufs y eurent à peu près autant d'eau qu'il leur en fallait; mais elle était si saumâtre, que les Hottentots qui en burent gagnèrent des coliques et des diarrhées violentes. Comme je sondais le terrain, examinant si cette eau ne pouvait pas nous causer de plus grands maux encore, je fus extrêmement surpris de voir Keès, qui se trouvait toujours le premier partout, retirer de la vase un crabe d'environ trois à quatre pouces de diamètre. Il y avait effectivement de quoi s'étonner; car cette fontaine était en plein rocher, sans écoulement apparent. Mon singe me parut manger son crabe avec tant de plaisir, que j'en fis prendre une trentaine, que je trouvai fort bons après les avoir fait cuire. Quatre ou cinq coups de fusil me procurèrent plus de quarante gelinottes d'une très-belle espèce, habituées à venir s'abattre par milliers sur les bords de cette fontaine; les Hottentots des colonies les nomment *perdrix namaquoises*, parce que, dans la saison des pluies, toutes partent pour se rendre vers le tropique. A dater du moment où nous décampâmes de cette fontaine, nous ne trouvâmes plus que des plantes grasses et des sauterelles; nous étions dans un lieu de désolation. Quatre de mes bœufs, n'ayant plus la force de suivre, restèrent sur la place ; j'eus le désagrément de voir que tous mes chiens boitaient et se traînaient avec effort, la plante de leurs pieds étant usée et déchirée jusqu'au vif. Je les fis graisser afin qu'ils les léchassent; on les plaça tous sur les voitures. Mes chevaux avaient gagné la même maladie que mes bœufs; je fis faire avec des peaux des espèces de petits sacs ou bottines, et, après leur avoir bien graissé les pieds, je les leur attachai au-dessus du tarse. J'aurais bien voulu faire à mes bœufs la même opération; mais ces animaux indociles ne s'y seraient pas prêtés tranquillement. D'ailleurs les peaux et la graisse n'auraient pu suffire ; les roues de mes chariots, que je n'avais point baignées depuis longtemps, jouaient en marchant comme autant de crécelles.

Différentes fontaines et plusieurs lits de torrent ou de rivière que nous avions traversés, et sur lesquels nous comptions encore, nous avaient tous trompés; nos animaux étaient réduits à appuyer le nez contre terre, et à lécher les endroits qui leur semblaient encore humides; privés d'ailleurs de toute herbe succulente, il ne leur restait qu'à se rabattre sur quelques plantes grasses qui leur donnaient des tranchées affreuses; ils battaient des flancs, et n'étaient plus que des squelettes.

Cette situation désespérante dura jusqu'au soir du 14; nous venions de traverser le *Swart-Rivier*, qui n'avait pas plus d'eau que les autres; nous allions dételer, lorsque j'aperçus un troupeau de moutons; je courus vers le gardien, qui m'apprit qu'il appartenait à un colon dont l'habitation n'était qu'à une petite lieue de là. Nous en prîmes aussitôt la route, et nous allâmes camper près d'un très-grand marais où nous eûmes enfin la satisfaction de trouver de l'eau en abondance. L'habitation appartenait à Adam Robenhymer, et se nommait *Kweec-Valey;* je reçus mille politesses de la part du maître de la maison et de toute sa famille.

L'agrément du lieu et l'abondance de toutes choses, que nous procurait le Buffle-Rivier, n'étaient pas les seuls motifs qui m'arrêtassent sur ses bords. J'y demeurai jusqu'au 14 du mois; tout ce temps fut employé à la réparation de mes équipages, dont le délabrement m'inquiétait depuis longtemps; les chariots avaient été tellement secoués, le soleil les avait tellement desséchés, qu'ils ne tenaient presque plus à rien. Les roues surtout avaient besoin de restauration; tous les rayons quittaient leur moyeu. Pour donner plus de ressort au bois, je les fis mettre à l'eau; elles y restèrent longtemps avant que la hache y touchât; et il me fallut deux jours entiers pour remettre mes équipages en bon état.

Les 16 et 17, après avoir traversé Touws-Rivier, je gagnai, six lieues plus loin, à Verkeerde-Valey, un très-grand lac, près duquel était une petite habitation que le maître absent avait confiée à la garde de quelques Hottentots. Je vis un colon parti nouvellement du Cap pour regagner le Camdebo; cet homme débarrassa mon cœur d'un poids qui l'oppressait depuis longtemps; il m'apprit le rétablissement de la santé de M. Boers et son retour au Cap. J'eus occasion de rencontrer différentes espèces d'oiseaux, entre autres des foulques pareilles à celles d'Europe; mais les marais du lac me fournirent une telle quantité de bécassines, que nous en fîmes notre nourriture ordinaire.

Il y avait beaucoup de cochons sur cette habitation; j'en achetai un, et je fus obligé de l'aller choisir et de le tirer parmi les roseaux, parce que, comme je l'ai observé plus haut en parlant de la manière dont on les élève, ceux-ci étaient devenus sauvages. J'achetai encore de la farine pour régaler ma troupe du premier pain qu'elle eût mangé depuis mon départ. Ce fut la femme de Klaas qui l'apprêta, et elle y réussit fort adroitement.

Je quittai Werkeerde-Valey. Le 21 nous allions dans un autre pays, le Boke-Veld, plaine des gazelles (Spring-Bock), qui s'y trouvaient sans doute autrefois, mais qui présentement ne s'y montrent nulle part; nous apercevions de côté et d'autre, sur les collines, plusieurs habitations; nous nous efforcions vainement de nous en éloigner; plus nous allions, plus elles commençaient à devenir fréquentes; je fus contraint de longer celle de Jan-Pinar. Je résistai aux instances qu'il me fit de me rafraîchir chez lui, et je passai outre; mais tout ce qu'il y avait d'habitants, soit blancs, soit Hottentots ou nègres, accoururent pour voir défiler ma caravane, à peu près comme on se précipite dans nos villes pour jouir d'un de ces spectacles auxquels des fêtes rares ou des événements imprévus ont tout à coup donné naissance. J'eus beaucoup de peine à me débarrasser des questions et des questionneurs, pour aller m'isoler, à onze heures et demie du soir, à trois lieues plus loin, dans une retraite inhabitée et paisible; mais le bruit de mon retour s'était répandu; et, le lendemain, il faisait à peine jour, que plus de vingt habitants des environs, rassemblés par la curiosité, avaient pris place autour de mon camp, afin que, quelque route que je prisse, il me fût impossible de me soustraire à leurs regards.

J'avais eu l'intention de rester tranquille jusque vers le soir dans l'endroit où je me trouvais; mais la troupe curieuse grossit tant, de minute en minute, que j'en pris de l'impatience, et partis brusquement. J'eus beau me dérober à trois ou quatre habitations sur le territoire desquelles il me fallut passer, l'importunité me suivit partout, et je n'eus d'autre ressource que de profiter de l'obscurité de la nuit pour aller, presque comme un proscrit, me cacher au pied d'une énorme chaîne de montagnes, nommée Cloof, qui forme la limite d'un autre pays, le Rooye-Sand.

Cette montagne, comme un immense rideau que le malheur eût élevé devant moi, semblait appuyée là pour me contrarier davantage et redoubler mes chagrins; il fallait cependant ou franchir l'obstacle, ou faire un très-long circuit, dont je ne connaissais ni la durée ni le terme. Ce n'était plus cette ardeur bouillante que j'avais montrée en partant, cette force, ce courage infatigable, que fomentaient dans mon âme l'amour des choses nouvelles et l'impatient désir de prendre le premier possession d'un pays si rare et si curieux; je me voyais tour à tour arrêté par le découragement et entraîné par la reconnaissante amitié : je pris donc mon parti, et me décidai à gagner comme je pourrais le sommet de la montagne. L'escarpement et les fondrières de cette traversée me parurent effroyables; c'est pourtant le chemin ordinaire des colons de ces quartiers-là, qui risquent de s'y perdre et d'y culbuter plutôt que de s'unir pour y faire une route, ou du moins quelques réparations : preuve insigne de leur paresse et de leur indolence.

J'osai me charger de ce soin pour moi-même. J'employai la journée du 24 à faire couper des branches pour combler les endroits les plus enfoncés et les recouvrir avec des terres, des pierres et du sable. Je réussis dans mon opération; et le 25, en quatre heures de temps, grâce aux précautions que nous prîmes, à toutes les peines que se donna de bien bon gré tout mon monde, et sauf quelques avaries, nous eûmes l'inexprimable bonheur de sauter l'affreux précipice, le dernier qui dût nous faire trembler; les colons nomment cet horrible chemin Moster-Hock, le coin de Moster.

Nous campâmes au pied de son rèvers; le jour

suivant, nous nous arrêtâmes, dans la matinée, à l'entrée du Rooye-Sand, près des ruines d'une habitation qui paraissait depuis longtemps abandonnée.

Le 26, après avoir échappé, si je puis m'exprimer ainsi, à dix habitations qui se trouvaient sur ma route, je traversai la Breede-Rivier (rivière large) ; une lieue plus loin, le Water-Val (chute d'eau); ensuite quelques habitations qui sans doute m'attendaient au passage depuis longtemps ; car les habitants, voyant que je n'arrêtais point, prirent le parti de me suivre comme une bête curieuse, et ne me quittèrent que lorsqu'ils m'eurent considéré à leur aise. Je passai le Rooye-Sand-Kloof (la vallée du sable rouge), le Klein-Berg-Rivier (la petite rivière des montagnes). Le lendemain 27, arrivé au Sward-Land, je fis seller mes chevaux, qui depuis longtemps ne me servaient point, et, suivi de mon fidèle Klaas, laissant les curieux autour de mes chariots et de mes équipages, je pris les devants, et me fis un plaisir d'arriver le soir même chez mon ancien hôte, le bon Slaber, qui m'avait si noblement accueilli deux ans auparavant, lors de mon affreux désastre à la baie de Saldanha.

Je ne puis exprimer la joie et surtout l'étonnement que causa mon arrivée à toute cette brave famille ; elle s'y attendait si peu, ma barbe me rendait si méconnaissable, les relations qu'on avait faites, au Cap et dans les environs, de mes courses lointaines et des dangers auxquels je m'étais livré, rendaient ma mort si probable, qu'ils furent tous effrayés de mon approche. J'étais à peine arrivé dans cette demeure fortunée, que je dépêchai Klaas vers M. Boers pour lui donner la nouvelle de mon retour ; je lui adressais en même temps deux petites gazelles steen-bock et quelques perdrix que j'avais tuées en route. Dès le lendemain, je reçus les félicitations de mon ami, qui m'envoyait deux de ses meilleurs chevaux, et me conjurait vivement de me rendre aussitôt chez lui.

Ce jour-là même, mes gens, que j'avais laissés en arrière, arrivèrent tous avec mes chariots. Le moment de la séparation approchait; nous avions, de part et d'autre, oublié nos torts; les uns laissaient échapper des soupirs, d'autres versaient des larmes; je ne pus retenir les miennes; nous nous consolions par l'espoir d'un second voyage, si les circonstances me devenaient favorables. Je distribuai à ces fidèles compagnons de mes fatigues et de mes aventures tout ce qui me restait et qui ne m'était plus d'aucune utilité à la ville; j'y joignis même mon linge et toutes mes hardes, ne conservant absolument que ce que j'avais sur le corps. Je priai deux de ces Hottentots de rester quelques jours de plus chez Slaber pour prendre soin de mes chevaux, de mes chèvres, et de ceux de mes bœufs, malades ou inutiles, que je laissais sur l'habitation jusqu'à nouvel ordre; je donnai rendez-vous chez M. Boers au reste de ma caravane. Klaas et moi nous montâmes à cheval; et le soir même j'eus le bonheur de serrer dans mes bras un bienfaiteur, un ami que j'avais craint de ne plus revoir.

Mes équipages arrivèrent le 2 avril; ce fut alors que je remerciai tout à fait mes fidèles serviteurs et que je leur payai leurs gages. Ils brûlaient tous d'impatience de rejoindre leurs familles, j'offris la main à Klaas; il ne pouvait se détacher de son maître. Comme sa horde était moins éloignée de la ville que celle des autres Hottentots que je venais d'affranchir, je l'engageai à me venir visiter souvent, et lui promis toujours le même appui, la même confiance et la même amitié; je l'assurai particulièrement que je ne languirais pas longtemps au Cap, et que je comptais sur lui pour de nouvelles entreprises; c'était l'objet de tous ses désirs et l'unique contre-poids de sa douleur. J'avoue que je ne pus le voir partir sans être moi-même étrangement ému, malgré les distractions que me donnait la foule des arrivants qui se pressaient dans la maison de mon ami, les uns attirés par l'intérêt généreux que leur inspirait ma personne, un plus grand nombre par le besoin de satisfaire leur avide curiosité.

FIN

TABLE

1922. — Tours, impr. Mame.

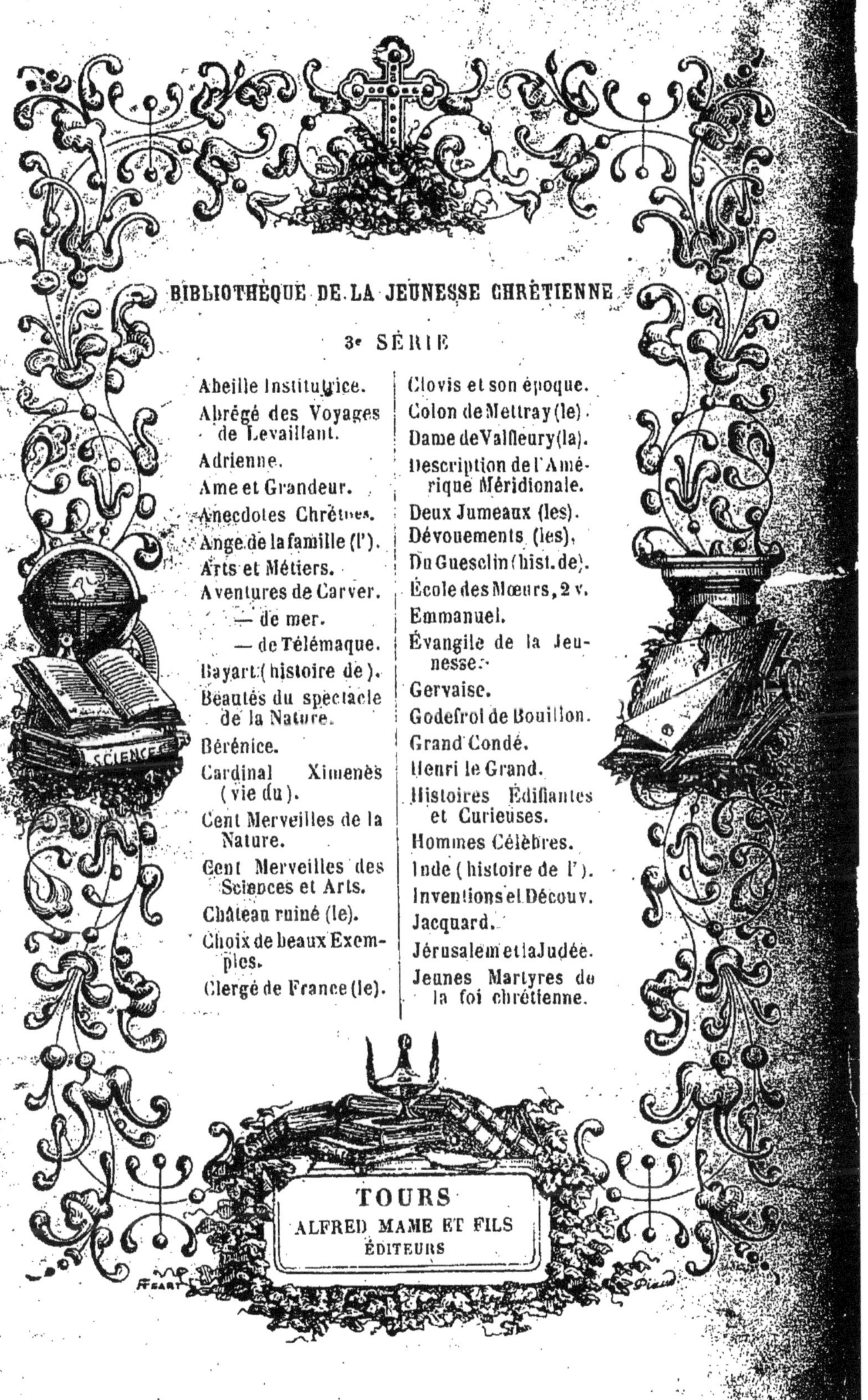

BIBLIOTHÈQUE DE LA JEUNESSE CHRÉTIENNE

3e SÉRIE

Abeille Institutrice.
Abrégé des Voyages de Levaillant.
Adrienne.
Ame et Grandeur.
Anecdotes Chrétnes.
Ange de la famille (l').
Arts et Métiers.
Aventures de Carver.
— de mer.
— de Télémaque.
Bayart (histoire de).
Beautés du spectacle de la Nature.
Bérénice.
Cardinal Ximenès (vie du).
Cent Merveilles de la Nature.
Cent Merveilles des Sciences et Arts.
Château ruiné (le).
Choix de beaux Exemples.
Clergé de France (le).
Clovis et son époque.
Colon de Mettray (le).
Dame de Valfleury (la).
Description de l'Amérique Méridionale.
Deux Jumeaux (les).
Dévouements (les).
Du Guesclin (hist. de).
École des Mœurs, 2 v.
Emmanuel.
Évangile de la Jeunesse.
Gervaise.
Godefroi de Bouillon.
Grand Condé.
Henri le Grand.
Histoires Édifiantes et Curieuses.
Hommes Célèbres.
Inde (histoire de l').
Inventions et Découv.
Jacquard.
Jérusalem et la Judée.
Jeunes Martyres de la foi chrétienne.

TOURS
ALFRED MAME ET FILS
ÉDITEURS

www.ingramcontent.com/pod-product-compliance
Ingram Content Group UK Ltd.
Pitfield, Milton Keynes, MK11 3LW, UK
UKHW022043190726
13855UKWH00002B/392